冶炼烟气治理工艺与技术

刘玉强　著

化学工业出版社

·北京·

本书以冶炼烟气治理创新技术特点为主线，分工艺技术创新、清洁生产、设备效能的提升、安全创新技术及节能降耗创新优化五个章节，详细阐述了冶炼烟气治理创新技术及实践应用效果等内容。

适合有色冶金和无机化工企业的领导层、技术人员以及三废治理的相关技术人员阅读与参考。

图书在版编目（CIP）数据

冶炼烟气治理工艺与技术 / 刘玉强著. —北京：
化学工业出版社，2018.4
ISBN 978-7-122-31659-2

Ⅰ.①冶…　Ⅱ.①刘…　Ⅲ.①冶金工业-烟尘治理-
研究-中国　Ⅳ.①X756

中国版本图书馆 CIP 数据核字（2018）第 041793 号

责任编辑：李晓红　　　　　　　　　　　　装帧设计：王晓宇
责任校对：王素芹

出版发行：化学工业出版社（北京市东城区青年湖南街 13 号　邮政编码 100011）
印　　刷：大厂聚鑫印刷有限责任公司
装　　订：三河市宇新装订厂
710mm×1000mm　1/16　印张 13½　字数 238 千字　2018 年 6 月北京第 1 版第 1 次印刷

购书咨询：010-64518888（传真：010-64519680）　售后服务：010-64519661
网　　址：http://www.cip.com.cn
凡购买本书，如有缺损质量问题，本社销售中心负责调换。

定　　价：68.00 元　　　　　　　　　　　　　版权所有　违者必究

前 言
FOREWORD

近年来，国家将环境保护工作提上了生态文明建设的战略高度，对污染物的排放和综合治理提出了更高的要求。目前，国内有色金属冶炼及无机化工行业已初步完成了由粗放型向集约型转变的发展历程。规模大、产能大的行业属性尤为突出，但工艺技术先进、资源综合利用率高的企业占比例较低。随着国家环保标准的日益严格，工艺技术创新促进企业可持续发展成为各行各业寻求新时期突围生存的共识。

金川集团股份有限公司是以有色金属生产为核心的垂直一体化、相关多元化的大型企业集团。多年来，集团秉承"环保与生产"的高度社会责任，在原有冶炼烟气制酸七套生产体系的基础上，先后投资建成了亚硫酸钠系统、活性焦系统、柠檬酸钠系统等一批低浓度冶炼烟气回收治理系统，实现了全流程不同浓度冶炼烟气的综合治理，形成了行业内方式多样、格局完善的烟气治理"样板"体系。

但近几年国际有色金属行业价格长期低位徘徊，环保系统运行成本及资源综合利用已成为企业脱困、提升经营实力的重要部分。在集团"人人参与创新，时时都在创新，处处体现创新"的全员创新浓厚氛围下，金川集团化工人通过不断的创新探索、积累与实践，开发了一系列围绕工艺指标优化、设备性能提升、资源回收利用的创新技术，为环保装置安全、经济、高效运行提供了保障。

金川集团烟气治理技术以匹配联动运行、经济达标治理为基础，以高浓度烟气中 SO_2 转化制酸和低浓度烟气吸收（吸附）两大烟气治理方式为主线，在引进、消化国内外先进技术的基础上，按照节能降耗、优化参数、清洁生产等几大板块"分流优化、整体推进"的技术创新手段，创新与研究应用了冶炼烟气准等温转化技术、SO$_2$分流预转化技术、钠碱法连续脱硫技术、柠檬酸钠法脱硫技术等一系列烟气治理创新技术，使复杂冶炼烟气治理技术创新向纵深推进，形成了冶炼烟气治理技术以能源资源消耗最低化、生态环境影响最小化为原则，"纵向推进＋横向发展"的创新体系和格局。

本书以冶炼烟气治理创新技术特点为主线，分工艺技术创新、清洁生产、设备效能的提升、安全创新技术及节能降耗创新优化五个章节，详细阐述了技术创新背景、创新主要内容、实践应用效果等内容。但由于作者水平有限，疏漏与不妥之处在所难免，敬请读者同仁不吝赐教。

望本书能够成为我们共同推进烟气治理技术不断创新、优化提升的纽带。

刘玉强

2018 年 3 月

目　录
CONTENTS

第一章
Chapter
01
工艺技术
创新

/ 3

第二章
Chapter
02
清洁生产

/ 68

第三章
Chapter
03
设备效能的
提升

/ 113

第四章
安全创新
技术

147

第五章
节能降耗
创新优化

176

绪　论

冶炼烟气治理行业作为工业经济的伴生产业,随着工业的不断壮大而发展。近年来,国家陆续出台了关于空气质量改善、水污染防治等方面的政策和法律法规,对行业发展提出了更高要求。随着宏观政策趋紧,工业企业面临的资源环境形势严峻,同时涉及尾气排放等的标准、条例更加严格,企业环保压力陡增,尤其是随着国家监督检查和执法力度的提高,加上国内碳贸易市场的逐步建立和完善、清洁生产评价与排污许可证挂钩等,这些都对烟气治理行业的生存和发展产生了深远影响。

企业从满足环保标准和降低环保成本角度出发,对冶炼烟气治理技术进行不断创新,在全行业的共同努力下,烟气治理行业在技术进步、科技创新方面取得瞩目成就,新技术、新装备、新成果不断涌现,技术成果转化成效显著,装置国产化、大型化取得重大突破,装置运行平稳良好。在脱硫技术方面,SO_2准等温转化技术、冶炼烟气预转化技术、离子液脱硫技术、低温催化法脱硫技术、双氧水氧化法脱硫技术等新型脱硫技术不断涌现;在设备及材料方面,大型布气型转化器、高效湍冲洗涤塔、多功能尾气脱硫塔、高温浓硫酸泵、稀硫酸泵、分酸器及规整填料、新型高效硫酸催化剂等技术装备与新材料不断得到推广和应用;在控制系统方面,设备安全预警技术装备也得到推广和应用,从而实现了行业整体技术水平的稳步提高。

近几年,国家积极倡导生态文明、绿色低碳、和谐共处的理念,在此理念引领下,烟气治理行业积极推行绿色生产模式,在节能环保领域取得重要突破。在热能回收方面,转化工序富裕的中温位热量普遍得到回收利用,先进成熟的低温位热能回收技术在硫黄制酸装置上继续得到推广,不仅为企业降低了生产成本,还为企业赢得了经济效益。同时,低温位热能回收技术在硫铁矿制酸和冶炼烟气制酸领域已成功突破并实现产业化,生产装置运行平稳,在进一步总结成果和完善技术之后,有望在行业内进行深入推广。部分企业已将热能回收作为产生经济效益的主要来源。

为实现烟气治理系统的清洁生产,企业在污染物削减方面也做出了不懈努力。"三段四层"除氟技术、硫化法除重金属+深度除砷技术、滤压一体化固液分离技术等系列除杂除害化技术的研究应用为酸水回用创造了条件，酸水浓缩技术的创新应用实现了废酸的回用，不仅减少了废水排放和资源浪费，且降低了废酸治理成本。由此，攻克了长久以来困扰行业的酸水达标排放问题，在推进行业清洁化生产方面具有重要意义。

近两年来，"环保督察"和"碳排放市场"成为影响行业最重要的两个关键词，一个控制企业的三废排放，一个控制企业的能源消耗。"环保督察"已经从2016年开始对硫酸行业产生了重大影响，多家企业为避开环保督察而停工，个别企业因环保督察不合格而关停整顿。而"碳排放市场"的成立，对于高耗能企业来讲，将付出比以前更高的能源成本。环保和节能将成为企业能否生存的重要先决条件。

为应对不断出台的更加严格的安全环保政策和更加严厉的监督执法力度，污染物控制减排技术和高效节能技术等将成为烟气治理行业的发展趋势。企业的主动而为是有效缓解环保压力的途径和方向，技术创新则是企业生存和提高竞争力的唯一手段。

第一章 工艺技术创新

金属冶炼 SO_2 烟气的回收治理主要包括转化与吸收两种技术路线。SO_2 转化即是将烟气通过催化转化反应生成 SO_3 烟气，通过浓硫酸母液吸收实现烟气中硫资源的回收，副产浓硫酸产品；SO_2 吸收是将吸收剂与烟气发生吸收反应，以达到烟气脱硫的目的。目前国内金属硫化矿在冶炼的不同阶段，会产生不同浓度的 SO_2 烟气，因此在冶炼烟气的综合治理过程中均应遵循环保、高效、低成本的烟气治理技术。

本章结合金川集团股份有限公司高低不同烟气浓度所采用的烟气治理技术，围绕转化、吸收工艺处理冶炼烟气技术路线，研究开发了多项优化工艺流程、提升工艺技术指标参数、降低环保装置运行成本的技术创新成果，使中高浓度烟气转化达到了控温、平衡的要求，解决了中低浓度烟气钠碱、柠檬酸钠、活性焦吸收控制难题，实现了金属冶炼烟气综合治理技术的提升。

第一节 非稳态 SO_2 烟气转化技术

对于冶金炉窑产生的中高浓度 SO_2 工艺烟气，行业内多采用转化制酸方式处理，在确保环保达标的同时实现硫资源回收。近十几年来，随着有色冶炼技术的飞速发展，冶炼烟气 SO_2 浓度显著提升，远远超出常规制酸装置适宜处理的 SO_2 浓度（6%～10%）范围，需补充大量空气稀释后才能进行转化，导致设备尺寸增大，转化热能回收率降低，中高浓度烟气清洁经济治理成为冶炼烟气转化制酸行业的难题。本节在分析国内外转化技术的基础上，结合国内制酸系统现状，对创新研究的中高浓度 SO_2 烟气多段控温转化技术和高浓度 SO_2 烟气"1+1"准等温转化技术进行了阐述。该技术成果可直接应用，亦可在原有制酸系统基础上改造应用，增强了制酸系统适应非稳态烟气的操作弹性，解决了高

浓度 SO_2 烟气转化热量不平衡的难题，提升了系统经济技术指标，同时为制酸系统高浓度条件下余热资源综合利用创造了条件。

一、创新背景

镍铜冶金工艺主要分为火法熔炼和湿法冶炼两种，其中火法熔炼工艺约占 80%。传统的火法熔炼工艺多采用反射炉、电炉和鼓风炉，其产生的冶炼烟气 SO_2 浓度较低（ φ_{SO_2} <6%），烟气转化制酸经济治理难度较大。随着冶金技术发展，迫于环境和成本的双重压力，传统工艺逐步被以闪速炉和三菱炉为代表的富氧强化熔炼工艺所取代，冶炼烟气 SO_2 浓度显著提升，φ_{SO_2} >14%的高浓度烟气已成为常态。近十几年来，伴随闪速熔炼＋闪速吹炼"双闪"工艺的发展和完善，"双闪"工艺已成为新建大型冶金项目的首选，φ_{SO_2} >30%的超高浓度冶炼烟气已成为发展趋势。目前我国新旧冶金工艺交替，烟气条件较传统工艺发生了很大变化，整体形成了"提浓降量"的烟气格局，中高浓度 SO_2 烟气与高浓度 SO_2 烟气并存。

除了少量配套新建的高浓度烟气转化制酸系统外，国内多数制酸系统均是 2010 年之前建成的，受催化剂和转化器材料耐温的限制，难以长周期处理 φ_{SO_2} >10%的高浓度烟气。烟气条件发生变化后，原有制酸工艺与冶金炉窑不能匹配化生产，若制酸系统全部新建，将受到投资费用、建设周期等多方面因素制约，不利于冶炼烟气经济治理。因此，围绕 SO_2 烟气转化过程的关键因素，分析国内外转化工艺特性，寻求工艺突破，在原有转化技术基础上优化创新工艺流程，研发适应各种浓度梯度的转化新工艺，是实现非稳态 SO_2 烟气经济治理的关键所在。

二、SO₂烟气转化原理

二氧化硫转化反应过程是指经过净化的二氧化硫气体，通过催化剂作用，与氧气反应生成三氧化硫。其反应式如下：

$$SO_2 + \frac{1}{2} O_2 \rightleftharpoons SO_3 + Q$$

该反应为可逆、体积缩小的放热反应。根据 SO_2 转化反应的基本原理可知，影响平衡转化率的因素为：温度、压力、浓度以及氧硫比。

（一）SO₂转化的影响因素

1．温度对平衡转化率的影响

一切放热的化学反应，降低温度都会使平衡转化率提高，这是一个规律。

SO_2转化反应是放热反应，因此平衡转化率也随反应温度的降低而提高。

在400～700℃时，温度与平衡常数、平衡转化率的关系：

$$\lg K_p = \frac{5140.6}{T} - 4.8817 \qquad (1\text{-}1)$$

式中　K_p——平衡常数；

　　　T——温度，K。

平衡转化率

$$X_T = \frac{K_p}{K_p + \sqrt{\dfrac{100 - 0.5aX_T}{p(b - 0.5aX_T)}}} \qquad (1\text{-}2)$$

式中　a——进转化器的炉气中的SO_2的浓度，%；

　　　b——进转化器的炉气中的O_2的浓度，%；

　　　p——系统总压力，kPa。

取$a=8\%$，$b=10\%$，反应压力p，反应温度T，由式（1-1）计算K_p，由式（1-2）计算X_T。

依此计算得平衡转化率与温度的关系如表1-1。

表 1-1　平衡转化率与温度的关系

T/℃	400	420	440	460	480	500	520	540	560	580
X_T/%	99.32	98.88	98.21	97.22	95.81	93.88	91.31	88.03	84.00	79.24

从表1-1可以看出：随着温度的上升，平衡转化率下降，且下降的幅度逐渐增大，这一点在体系温度达到560℃时尤其明显。从平衡转化率与温度的关系来看，为了获得高的转化率，反应温度应该尽可能控制得低些。因此为了保证平衡转化率，结合我国钒催化剂的起燃温度一般在380～420℃之间的现状，反应体系温度维持在400～560℃很有必要，且在这个范围内，温度越低对反应平衡转化率越有利。

2. 温度对反应速率的影响

因为在每一种催化剂上SO_2转化过程各有其特性，所以一定的过程要由相应的动力学方程式来表示。

在反应初期不考虑逆反应的进行时，二氧化硫转化成三氧化硫的动力学方程式，可以用下式表示：

$$\frac{dc_{SO_3}}{dt} = K c_{SO_2}^{n} c_{O_2}^{m} c_{SO_3}^{L}$$ （1-3）

式中　c_{SO_3}、c_{SO_2}、c_{O_2}——SO_3、SO_2、O_2的浓度；

　　　　K——反应速率常数；

　　　　t——有效接触时间；

　　　　L、m、n——指数。

其中反应速率常数是温度的函数，即 $K = K_0 e^{-\frac{E}{RT}}$。

从式（1-3）可知，反应速率与温度成正比关系，随着温度的上升，反应速率增大。由钒催化剂反应活化能为 96.232kJ/mol 时计算的反应速率常数与温度的关系如表 1-2 所示。

表 1-2　温度与反应速率常数的关系

温度/℃	400	420	440	450	500	525	550	575	600
反应速率常数	0.34	0.55	0.87	1.05	2.9	4.6	7	10.5	15.2

从表中可以看出，反应温度由 400℃升高到 575℃时，反应速率增大了 30 多倍。这样，在单位时间内，对于一定的转化器和一定数量的催化剂来说，提高反应温度可使 SO_2 的转化数量增加很多，从而大大提高转化设备的生产能力。但是过度提高反应温度，由于平衡转化率降低，实际有效的反应速率也随之降低，同时反应温度超过催化剂的耐受温度后造成催化剂失活，因此应根据催化剂的特性选择适宜的反应温度。

3. 压力对平衡转化率的影响

SO_2 转化是气体体积缩小的反应过程，增加压力可提高平衡转化率。从式（1-2）平衡转化率的计算公式可看出，等式右端分母第二项随压力 p 增大而减小。因而，当其他条件不变时，平衡转化率 X_T 值就随压力 p 增大而升高。虽然加压能提高转化率，但提高得并不多，而且升高压力所造成的动力消耗过大，同时还要解决加压后的设备易腐蚀问题，故在工业上 SO_2 转化一般是不采取加压措施的。

4. 浓度、氧硫比对平衡转化率的影响

转化系统进气中 SO_2 和 O_2 的含量之间存在着一定的关系，如图 1-1 所示。

结合式（1-2），在一定的温度和压力下，b 值增大，a 值减小，平衡转化率增大。即烟气中氧和 SO_2 浓度的比值越高，或 SO_2 浓度越低，则在同一温度下的平衡转化率也越高。

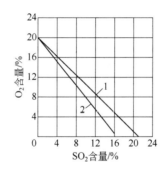

图 1-1　用空气焙烧含硫原料时，烟气中 SO_2 与 O_2 的关系
1—硫铁矿；2—硫黄

表 1-3　气体起始成分和平衡转化的关系

SO_2 含量/%	1	2	3	4	5	6	7	8	9
O_2 含量/%	18.14	16.72	15.28	13.86	12.43	11	9.58	8.15	6.72
平衡转化率 X_T/%	97.32	97.12	96.98	96.75	96.47	96.07	95.53	94.61	92.78

从表 1-3 中看出，随着 O_2 含量的减少，X_T 初始是慢慢降低的，当 SO_2 和 O_2 的比率渐渐趋近于化学计算量的比例时，就降低得很快了。因此，为获得较高的转化率，进气 SO_2 浓度应控制得低一些。原始进气浓度超过 10%，平衡转化率快速下降。因此在现有技术水平的限制下，通常需补入空气对浓度高于 10% 的高浓度二氧化硫烟气进行稀释。

从 SO_2 平衡转化率的影响因素中得知：因反应速率和平衡转化率这一矛盾体，致使反应温度控制成为转化反应的核心，也成为高浓度烟气转化温度控制的难题；压力对平衡转化率影响甚微，一般不作为转化过程调整的核心；进气浓度与氧硫比的控制成为高浓度烟气转化的制约性条件。

（二）转化平衡温控理论

温度与平衡转化率和反应速率的关系是矛盾的，所以必须依据既要有较高的转化率、又要有较快的反应速率的"两全其美"的原则，来选择一个最适宜的操作温度。在一定催化剂下，最适宜温度随进气成分和转化率变化而变化。可用式（1-4）来计算：

$$T_{适} = \frac{4905}{\lg\left[\frac{X_r}{(1-X_r)\sqrt{\dfrac{b-0.5aX_T}{100-0.5aX_r}}}\right]^{+4.937}} \tag{1-4}$$

式中 X_r——平衡转化率，%；

$\qquad$ a——二氧化硫的浓度，%；

$\qquad$ b——氧的浓度，%。

平衡温度和最适宜温度与转化率的关系见图 1-2。

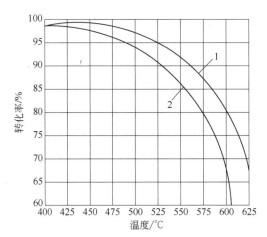

图 1-2   平衡时温度和最适宜温度与转化率的关系

1—平衡温度曲线；2—最适宜温度曲线

（进气成分：二氧化硫 7%、氧 11%、氮 82%）

从图 1-2 中看出，最适宜温度曲线处在平衡温度曲线的下方。在相同条件下，温度越低，平衡转化率和实际转化率的差数越小。温度越高，则差数越大。这主要是因为高温下的反应速率较低温时快，靠近平衡时反应速率变慢，直到平衡时等于零所致。根据这一规律，转化反应初期（前几段）应在较高温度下进行，使其有较快的反应速率；后期（后面的一段或两段）应使气体在较低温度下进行，以达到较高的转化率。

另外，随着转化率上升最适宜温度下降，若要转化过程进行得较快，就应该在转化过程中随着转化率的升高而降低反应温度，使反应过程能在最适宜温度的范围内进行。

降低转化反应温度的方法一般有以下两种：

一种方法是边反应边换热法，在反应的同时移走热量，保持基本恒定的反应温度，称为恒温操作过程。即把催化剂和降温用的冷气置于管（或极）的两侧，在催化剂层里反应产生的热量由另一边的冷气带走，此种方式对反应换热器的要求较高，设备结构复杂，很难使温度均匀地下降而达到理想要求，国内外成功应用实例较少。

另一种方法是中间换热法，即先进行一段反应，然后进行降温，再反应再降温，称为绝热操作过程。即首先把进气加热到反应的起燃温度，再通入一段催化剂层让其反应升高温度，然后进入换热器或直接掺入冷的进气（或空气）来降温。这样连续几段下去，随着反应热减少，后面几段的温度范围越降越小，最后达到较高的转化率。这样做从每一段的局部来看是升温，但从整个反应过程来看，则是按着最适宜温度的要求而逐步把反应温度降下来的。此绝热操作过程的设备结构要比恒温条件下的设备结构简单，因而得到了普遍应用，现有转化制酸工艺也多采用多段反应、分段降温的方式。

1. 绝热过程控温方式

绝热操作过程中的换热降温方式有两种：一种是利用换热器进行冷、热气体的加热和冷却（或称升温和降温），以此配置成的转化系列叫"中间间接换热式"；另一种是在两段反应之间直接掺入冷的进气或冷的干燥空气，达到降温目的，以此配置成的转化系列叫"中间冷激式"。

烟气冷激，主要为降温用，将较低温度的 SO_2 烟气通过冷激烟道直接或间接对转化器进行降温，分段控制不同的温度来实现较高的平衡转化率。但是烟气冷激会使转化率下降（因烟气中的二氧化硫掺入反应后的气体中会使原来已降低的二氧化硫浓度上升，相当于降低了转化率），为减少对平衡转化率的影响，烟气冷激一般只用在第一段反应之后（第二段之前）和总段数在四段以上的转化器内。

2. 恒温过程控温研究

降低转化反应温度还有一种方法就是在反应的同时移走热量，通称为恒温转化操作过程。即把催化剂和降温用的冷介质置于管的两侧，在催化剂层里产生的反应热由一边的冷气带走，边反应边换热移走热量。随着转化率提高，催化剂层温度跟着下降，从而使反应在较低温度下进行，尽可能把转化反应维持在适宜温度下来操作。在硫酸工业上曾先后试验采用了"管式转化器""搁板式转化器""套管式转化器"及"宠格式转化器"等，处理气量较小，结构复杂，很难保证在转化器内部每一点的温度均一。

（1）准等温转化理论

恒温转化操作方式对转化器的要求较高，为解决恒温转化器内部结构复杂这一难题，提出一种准等温转化技术，即在转化器内部实现前段温度偏高、后段温度略有降低的转化反应床层，符合温度对转化前后期的要求，实现高浓度烟气的最佳转化。

准等温转化与绝热转化过程不同（图1-3），在这样的条件下可能会大大地提高催化剂利用率，减少单位产品的催化剂用量，并有可能使全部转化反应过程在一个转化器内完成，不必把转化器分成数个绝热段来进行。

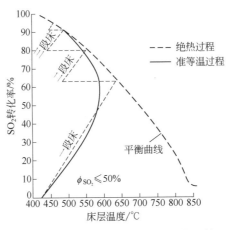

图 1-3   绝热反应及准等温反应的比较

（2）高浓度烟气的准等温转化

高浓度转化技术的关键就是在确保转化系统自热平衡的条件下，采用何种方法技能既可以保证转化率，又能合理地将富裕的热量移出。结合平衡转化率公式可知，在高浓度 SO_2 烟气处理过程中，随着反应温度的升高，平衡转化率不断降低。为了保证平衡转化率，通过适当的设计，使转化反应在单层转化器内部体现温度先升后降的趋势，符合转化前期烟气浓度高可适当提高温度以提高转化率，后期烟气浓度偏低可适当降低温度提高平衡转化率的特点，从而形成转化器内部的准等温转化过程。

三、国内外转化工艺进展

冶炼烟气制酸系统工艺技术发展较快，目前已有许多种流程。按其处理烟气浓度的高低，可分为中低浓度 SO_2 烟气转化工艺和高浓度 SO_2 烟气转化工艺。

（一）中低浓度 SO_2 烟气转化工艺

按其催化剂段来分，大体上分为"2+1"式三段转化流程、"3+1"式四段转化流程（图 1-4）、"2+2"式四段转化流程（图 1-5）、"3+2"式五段转化流程等四种，以下选取两种目前国内应用比较广泛、技术水平较高的工艺流程进行阐述。

图 1-4 和图 1-5 除催化剂两次分段不同以外，在换热器配置上也是不相同的。如按换热器配置流程来说，习惯上把图 1-4 的流程叫做"Ⅳ,Ⅰ—Ⅲ,Ⅱ"流程，把图 1-5 的流程叫作"Ⅲ,Ⅱ—Ⅳ,Ⅰ"流程。两种流程的优缺点对比如下：

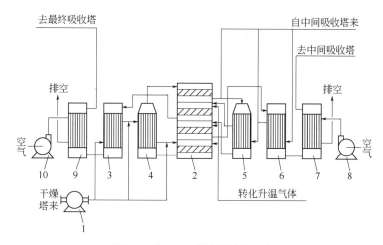

图 1-4 "3+1"式四段转化流程

1—SO₂ 鼓风机；2—转化器；3—第四换热器（Ⅳ）；4—第一换热器（Ⅰ）；5—第二换热器（Ⅱ）；
6—第三换热器（Ⅲ）；7—1 号 SO₃ 冷却器；8—1 号 SO₃ 冷却风机；
9—2 号 SO₃ 冷却器；10—2 号 SO₃ 冷却风机

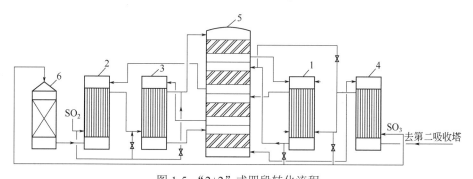

图 1-5 "2+2"式四段转化流程

1—第一换热器（Ⅰ）；2—第二换热器（Ⅱ）；3—第三换热器（Ⅲ）；
4—第四换热器（Ⅳ）；5—转化器；6—第一吸收塔

① 就转化率来看，第二种流程优于第一种流程。在进气浓度为 9.5%的情况下，最终转化率易达 99.5%左右。

② 就换热情况来看，第一种流程优于第二种流程，主要是把第一换热器用在一次转化中，故除节省换热面外，对开车、平稳操作及调节效果来说也都是很有利的。

因此，目前我国用Ⅲ,Ⅰ—Ⅳ,Ⅱ流程较多。为了充分利用一段出来的气体温度高和热负荷大的特点，最近几年新设计的流程又把换热器分成两个，分别用于一转和二转上，以提高一次转化入口烟气换热效率。

上述两种主流转化工艺流程，均适宜处理条件稳定的中等浓度（8%～10%）冶炼烟气，不适用于 SO₂ 浓度波动大的体系。在处理低中浓度 SO₂ 烟气时，因转化热能不足，导致末段反应效果差，转化率下降；处理中高浓度 SO_2 烟气时，转化热量过剩，催化剂床层温度过高，甚至对转化器、热交换器等设备安全运行造成影响。鉴于目前大多数冶炼系统炉窑数量多、运行模式复杂、烟气浓度整体提升且波动幅度大的现状，开发适应范围广的新型中高浓度烟气转化工艺成为整个制酸系统经济运行指标提升的关键。

（二）高浓度 SO_2 烟气转化工艺

二氧化硫烟气转化制酸生产中高浓度转化技术成为行业难题。目前国内高浓度烟气转化具有代表性的工艺主要有以下几种。

1. 拜耳公司的高浓度烟气制酸创新工艺——BAYQIK®

20 世纪 60 年代拜耳公司成功开发了二次转化工艺并获得了专利权。迄今为止，无论使用何种原料，二次转化工艺仍然代表着硫酸行业的先进技术。在高浓度烟气制酸上，BAYQIK®是采用填有二氧化硫转化的钒铯催化剂的列管式换热器和一个文丘里管式吸收器来完成的。工艺流程图如图 1-6 所示。

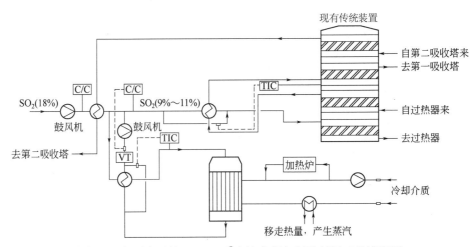

图 1-6　拜耳公司的 BAYQIK®高浓度烟气制酸创新工艺流程图

列管式固定床反应器早在 20 世纪 60 年代就已用于$\varphi_{SO_2}\leqslant10\%$的气体。当时列管式固定床反应器作为换热器使用，工艺气体在壳程被加热到所需温度，然后进入装有催化剂的管程。较低的进气 SO_2 浓度防止了过热现象，而高浓度 SO_2 产生的过热问题在当时并不存在。在管式反应器内发生 SO_2 转化为 SO_3 的反应。催化剂的装填定额比传统二转二吸装置所需值的 50%还要低很多。可达到的转化率取决于反应器的设计和各种工艺参数，能够超过 95%。产生的 SO_3 气体冷却后进入一吸塔，吸收后通过 SO_2 风机返回现有装置的主气体回路。由于转化率很高，返回气体的 SO_2 浓度很低并且不含 SO_3。这一控制回路可使二转二吸装置的一段进口浓度几乎保持恒定，不受冶炼烟气组成和流量波动的影响。这样现有的二转二吸装置可稳定运行，因而显著改进了工艺的温度控制，最终保证了可靠的高 SO_2 转化率、稳定的低 SO_2 转化率及稳定的低 SO_2 排放。这一方面可以使二转二吸装置达到优异的性能，保持较高的 SO_2 转化率；另一方面可使第一段操作稳定，延长催化剂的使用寿命。

　　反应器实质上相当于现有一段上游的一个灵活的预转化段（第零段），它可以适应和补偿烟气流量及 SO_2 浓度的波动。这个等温转化系统可以独立于上游工艺参数进行加热和冷却，所以对于工艺参数和备用要求的改变具有高度的灵活性，这意味着在冶炼装置短期停车期间，它可以保持正常的操作温度。反应器的转化率通过控制冷却介质的温度加以调节。本装置按照最大可能的能力（体积流量和 SO_2 浓度）进行设计。如果上游冶炼烟气 SO_2 浓度降低，可通过减少从冷却介质中移走的热量，升高进入反应器的冷却介质的温度。在低 SO_2 负荷情况下，加热炉也可以帮助将温度保持在最佳范围内。反应器内产生的 SO_3 在一个新增的吸收系统内反应生成硫酸。该吸收系统由文丘里洗涤器和后续吸收塔组成，它的酸路与现有达到二转二吸装置内的酸回路完全隔离。这可确保现有的二转二吸装置干燥塔内沉积的杂质不会对等温转化器内的酸造成污染，因此可以产生优质硫酸。

　　拜耳公司 BAYQIK® 工艺由于其精确度高的等温转化设计满足列管式反应器内部各点处的恒温操作，同样也对设备的处理能力造成一定限制，只能满足处理小规模的高浓度烟气转化，转化器直径最大设置为 4m，且设计制作费用过高。

2. 奥图泰科公司开发的 LUREC® 预转化工艺插件

　　LUREC® 工艺实际上是一个 7 段三转三吸工艺（图 1-7）。一次转化包括 2 段床层（一段和二段），其中也包括再循环和一次吸收或预吸收。后续五段床层与常规二转二吸装置完全相同，即按照"3+2"顺序布置。换一个角度，也可以将这种流程看作是 1 套常规"3+2"装置加一台 2 段床层预转化器和 1 座预吸收塔，预转化器和预吸收塔移走一部分 SO_2，使得 SO_2 浓度降低到后续装置能以常规的参数运行。转化器/换热器的布置已经过优化以减少设备和气体接管。它利用 2 台具有内置热换热器的转化器及仅有的 3 台外置冷换热器来满足工艺要求。

　　奥图泰科的技术为循环烟气转化技术，利用一段转化生成的 SO_3 以一定量返回一段来抑制一段转化的进行，降低一段转化率，同时也控制了一层出口温度。该工艺缺陷是一段转化生成的烟气外送至一段入口时，由于烟气温度高，

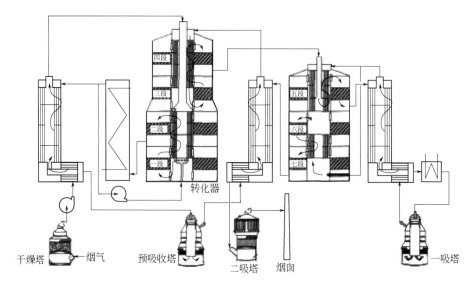

图 1-7　奥图泰科公司开发的 LUREC® 预转化工艺

且具有腐蚀性，输送风机选型困难，且较易损坏；再者该工艺无疑会降低转化率，还会增加能耗。

3. 孟莫克公司的高浓度烟气预转化工艺

孟莫克的高浓度转化技术是一种双原料法转化工艺（图 1-8），即采用两种不同的原料气——高浓度气体和稀释空气，让所有稀释空气都加到一小部分高浓度烟气中，混合后的气体在一层反应，其余的高浓度气体在一层出口和预转

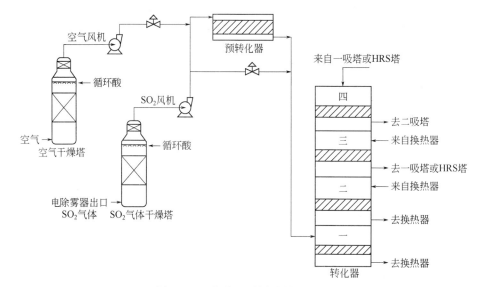

图 1-8　孟莫克双原料法转化工艺

化后的气体混合。孟莫克预转化工艺采用预转化加常规的"3+1"流程，电除雾器出来的气体经干燥后，由 SO_2 风机分 2 路分别送入预转化器和主转化器第一段，目的是使转化器第一段进口气体中 10% 以上的 SO_2 在进入转化器前已预先转化成 SO_3，从而产生新的绝热操作线。这种工艺不会超过催化剂能承受的温度，可得到一个较为适宜转化系统生产的浓度，但因补氧稀释导致设备尺寸增大，动力消耗增加，影响系统经济性。

上述三种高浓度烟气转化工艺原理相似，均是基于高浓度烟气转化热平衡在原有工艺基础上改造，作为主生产系统的工艺插件配合生产，使进入一层转化的烟气浓度降至原系统设计值，同时完成热量回收，能适应烟气中二氧化硫的大范围波动和生产规模约 30% 的扩大。但是不论是将高浓度 SO_2 烟气在净化和干燥工序通过补气等方式加以稀释，还是新增转化、吸收设备，均会导致进入硫酸系统的烟气量相应增加，干吸工序的设备设施相应增加，系统动力消耗增加，使得现有生产系统的运行和新建制酸系统的生产受到一定的制约。

四、转化技术创新

（一）中高浓度 SO_2 烟气多段绝热转化控温技术

受原有冶炼工艺技术的影响，硫酸系统多采用"3+1"两次四段转化工艺流程（如图 1-4 所示），处理中等浓度（6%～10%）的 SO_2 烟气。该工艺适宜处理稳态中等浓度的 SO_2 烟气，在冶金炉窑性能提升改造后，SO_2 浓度提升，部分时段已超出设计能力范围，转化热能过剩；此外 PS 转炉间歇吹炼，存在阶段性低浓度运行状况，此期间转化热能不足，系统需投用开工电炉补热生产。从系统经济运行角度考虑，需要对原有制酸系统进行技术优化改进，提升工艺操作弹性，适应烟气浓度大幅波动的生产状况，使系统转化工序热量趋于稳定。

1. 新型多段转化工艺流程开发

通过综合分析和对比国内外硫酸系统转化工艺，针对烟气波动频繁状况，考虑在原有工艺生产线基础上对转化工序整体进行创新研究，采用五层转化工艺。目前在国内原有制酸系统中"3+2"五层转化技术的应用并不罕见，但大部分是根据稳态中高浓度烟气条件直接设计应用。而本技术是在保持原有整体工艺和设备基本不变的前提下，通过较少的工艺参数、设备调整来改善和优化系统热量分布，增强系统对冶炼烟气波动的适应能力，最终达到提升系统转化率的目标。其工艺优化提升方案如下：

（1）在现有设备基本不变的前提下，以现有换热器实际能力为条件，照现有换热器实际换热能力对转化层级热量重新分布，建立新的热量平衡体系。

（2）针对高浓度条件热量过剩问题，在二次转化前段增加一层反应器及配套的一台外热交换器，在两次转化末端增设余热锅炉回收富余热能，解决高浓度烟气条件下热能过剩问题，使系统催化剂与烟气条件相匹配，降低二次转化烟气温度以提升转化率。

（3）针对低浓度条件下热量不足问题，新增一台外热交换器与第四热交换器串联以增大换热面积，使大部分换热量补充至一次转化入口，实现一次转化与二次转化烟气的热量回收，保证低浓度烟气条件下转化热平衡，提升一次转化率。

（4）为了减少系统设计优化过程中的施工量，节省优化费用，将新建转化器配套的外热交换器与现有第二外热交换器进行串联使用，在保证四层转化器具有足够的反应热量的基础上，提升转化器三层催化剂反应温度，提高低浓度烟气条件下的一次转化率。

新的热量平衡体系对催化剂层和外热交换器进行调整，新增反应器作为催化剂层的四层，其配套的外热交换器为Ⅳ，原第四层催化剂改为第五层，原第四外热交换器变更为V_a，新增与之串联的外热交换器为V_b，以满足烟气大幅波动下的转化反应热平衡。其具体工艺流程如图 1-9 所示。

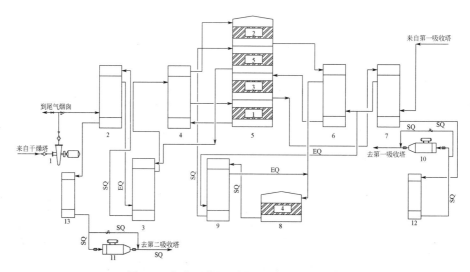

图 1-9　优化后的新型多段转化工艺流程图

1—风机；2—第五热交换器（V_a）；3—第五热交换器（V_b）；4—第一热交换器（Ⅰ）；
5—转化器；6—第二热交换器（Ⅱ）；7—第三热交换器（Ⅲ）；8—新转化器；
9—第四热交换器（Ⅳ）；10—1 号余热锅炉；11—2 号余热锅炉；
12—1 号 SO_3 冷却风机；13—2 号 SO_3 冷却风机

SO$_2$ 烟气经 V$_a$、V$_b$ 两台热交换器，利用五层转化后的 SO$_3$ 烟气进行预热，然后经第一热交换器与一层出口的 SO$_3$ 烟气进行换热，达到适宜温度后先后经一层、二层、三层催化剂进行一次转化，一次转化富余热能通过余热锅炉回收。经第一吸收塔吸收的二次 SO$_2$ 烟气经第三换热器换热升温后，一部分进入原第二外热交换器与二层出口烟气进行换热，另一部分冷烟气进入新建第四外热交换器与四层出口烟气进行换热，换热后的两部分烟气混合后达到 400℃的反应条件，先后进入新建四层转化器和五层催化剂内进行二次转化反应，富余热量经余热锅炉回收。

2. 外热交换热效率补偿与提升技术

（1）外热交换热效率补偿与提升技术开发

创新研究的新型多段转化工艺与常规"3+2"工艺最根本的区别在于现有设备设施条件的全部保留利用，通过换热器面积调整实现对系统换热能力补偿，对转化层级热量重新分布，建立新的热量平衡体系。通过换热效率补偿与再利用技术的应用，将填补换热器的换热效率，避免换热器拆除新建施工量，节省建设投资费用。

以某制酸系统为例，根据烟气条件进行热量衡算，外热交换器 V$_a$（原第四热交换器）换热面积不足。为了补偿其不足量，在原有外热交换器 V$_a$ 充分利用的基础上，新建一台热交换器 V$_b$，通过串联的方式进行换热效率补偿，减少转化整体热损失，保证低浓度烟气条件下转化热平衡。该外热交换热效率补偿与再利用技术存在以下几方面技术特点：

① 两台外热交换器串联后，原有工艺管线变动较小，气体整体通过性较好，不必考虑并联过程中气体分布不合理的情况，能够最大限度地利用换热面积，达到换热要求。

② 在串联过程中，工艺管线弯头少，配置合理，可大大降低因增加设备带来的系统阻力。

③ 操作简便是两台外热交换器串联最大的特点，实际生产中不必考虑通过进口阀门进行气体分布，管程与壳程烟气串联实现气体流通。

（2）多通道外热交换器的应用

传统热交换器利用空心环板作支撑，壳程采用环套三向进出气体，换热管使用 20g 缩放管。为提高换热器换热系数，管壳式热交换器采用对流换热流通方式：如图 1-10 所示，高温 SO$_3$ 从下管箱 a 进入换热器，从上管箱 d 流出；低温 SO$_2$ 烟气由管口 c 方向进入，管口 b 方向流出。

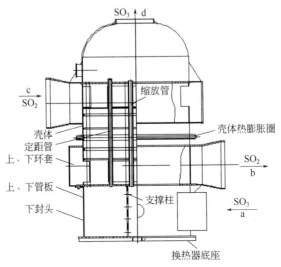

图 1-10　传统外热交换器结构示意图

a—下管箱；b、c—管口；d—上管箱

　　一般空心环管换热器主要遭受两方面的腐蚀：一是 SO_2 气体从干燥塔或吸收塔夹带出的酸雾腐蚀；二是 SO_3 气体中的酸蒸气冷凝腐蚀。这些换热器的冷端管束损坏最为严重，经常发生换热管开裂内漏和气体流道被硫酸盐堵塞的现象。壳程和管程气体流道的硫酸盐堵塞使得换热器压降增大并伴随换热面积减小，从而迫使硫酸装置在低负荷下运行；换热管开裂导致壳程的 SO_2 窜入管程 SO_3 中，转化率下降，检修时对开裂换热管封堵导致换热效率下降。

　　针对空心环管式外热交换器存在的问题，对外热交换器进行研究，创新应用了管壳式多通道外热交换器。多通道外热交换器结构主要由筒体、缩放管、旋流网板、上下管板、SO_2 进出气夹套、喇叭口、SO_3 进出气管箱、接管、放酸孔、人孔及人孔盖等构成（图 1-11）。采用对流换热流通方式：高温 SO_3 从上管箱 d 进入换热器，从下管箱 a 流出；低温 SO_2 烟气由管口 b 方向进入，管口 c 方向流出。换热器设计采用旋流网板支撑管束的管壳式换热器及其强化传热方法和急扩加速流缩放管两项技术。

　　多通道外热交换器布气特点如下：

　　① SO_2 气体在壳程向上流动。大多数气-气换热器中，SO_2 气体进入壳程是向下流动，气体进口处的管束在夹带酸雾的冲击下很容易发生磨蚀-腐蚀。另外，管束和管板也受到管板捕集下来的硫酸腐蚀。由于管壁通常远薄于管板，因此管束首先发生开裂，管板进而腐蚀，导致气体内漏。腐蚀副产物硫酸亚铁在管束和管板上沉积。当硫酸亚铁继续与捕集的酸发生水合反应时，产生更多的硫

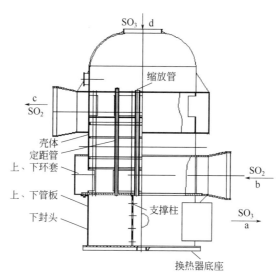

图 1-11　多通道外热交换器结构示意图

酸亚铁，随着硫酸亚铁体积不断增大，气体流道变小。由此而提高的气流速度迫使酸液滴被带入管束的更深处，进而导致更多管束开裂和更多硫酸亚铁生成。而多通道外热交换器 SO_2 气体在壳程向上流动，在出现冲击腐蚀时，由于外热交换器多通道的设计，通道与通道之间的管束并不是密集分布，硫酸亚铁在管束和管板上沉积问题可以有效改善。

② 多通道外热交换器 SO_3 气体在管程向下流动。原设计空心环管换热器，SO_3 气体进入管程向上流动，管内冷凝酸与气体反方向排出。如果气速过高或冷凝速度过快，在管内的不同部位可能来不及排酸而发生液泛。所有与热冷凝酸接触的金属表面都会发生腐蚀，由于管壁相对较薄，因此管束首先发生开裂，导致气体内漏。与 SO_3 气体在管程向下流动的方式相比，管内腐蚀和硫酸亚铁沉积延伸到更远的距离。为此，多通道外热交换器中 SO_3 气体在管程向下流动，改善上管板深处硫酸亚铁沉积现象，进而避免更多管束被硫酸亚铁堵塞从而导致换热面积减小的情况发生。

3. 多段控温调节技术

以多段转化工艺为基础，结合外热交换热效率补偿与再利用技术，对冷激线优化配置，改变换热器温度调控模式，通过对不同浓度条件下的生产匹配模式的摸索及控温平衡总结，形成了制酸系统多段转化平衡调配控温技术，如图 1-12 所示。

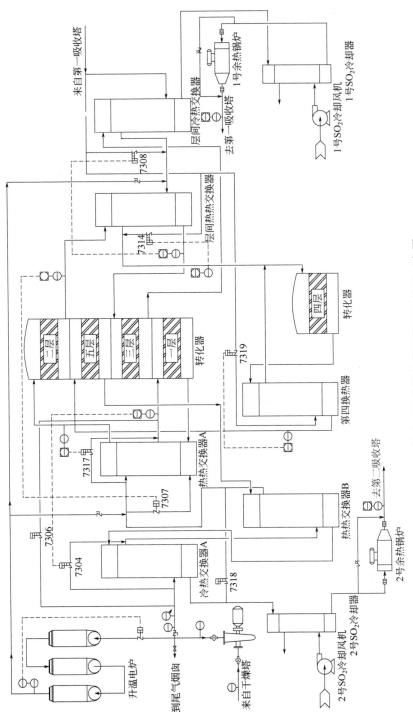

图 1-12　制酸系统多段转化平衡调配控温示意图

（1）根据催化剂特性及五段转化分层转化率要求，通过调节冷激烟气量，根据催化剂起燃温度控制转化器各层入口温度，转化冷激阀门调节如下：

① 当一层催化剂表层温度过高时，通过 7318、7317、7306 冷激阀按顺序进行控制调节。

② 当一层催化剂底层温度超过 600℃时，通过降低一层催化剂表层温度进行调节；如果进入系统的烟气浓度过高，通过转化补风提升氧硫比和调节转化烟气量进行控制。

③ 当二层催化剂表层温度过低时，关 7318、7306 冷激阀，开 7317 冷激阀。

④ 当二层催化剂表层温度过高时，通过 7318、7304 冷激阀按顺序进行控制调节。

⑤ 当三层催化剂表层温度过低时，开 7314 冷激阀。

⑥ 当三层催化剂表层温度过高时，开 7308 冷激阀。

⑦ 当四层催化剂表层温度过高时，通过 7308、7314 冷激阀按顺序进行控制调节。

⑧ 当五层催化剂的表层温度过高时，开 7319 冷激阀。

通过上述冷激阀门的调节，在促使催化剂床层合理转化的同时，将转化反应热量后移，避免前段过热、后段热量不足的现象，实现转化器各层均衡反应的要求。

（2）严格控制转化器一层出口温度不超过 600℃，根据烟气浓度预判，通过适时调节冷激阀门的开度，合理掌控外换热器换热量，满足外换热器热烟气与冷烟气的最优换热，避免过热或过冷，延长设备及催化剂使用寿命。

（3）根据烟气浓度及转化热平衡参数，合理调控余热回收装置进出口及旁路阀门，调节经过余热回收系统的烟气流量，适当调节 7308 和 7318 冷激阀门，将高浓度条件下转化器三层和五层的余热调配至余热锅炉，在转化自热平衡的基础上，实现余热资源综合利用。

（4）实时监测制酸系统转化率、转化出口 SO_2 浓度和尾气出口 SO_2 含量，通过补充空气和调节转化工序 SO_2 浓度来确保转化反应最佳氧硫比，实现转化率提升。

4．应用实践

SO_2 烟气多段绝热转化控温技术在某制酸系统成功应用，优化了转化热量平衡分布，适宜处理的 SO_2 浓度范围由原来的 8%～10%拓展到 6%～14%，增强了系统的操作弹性，转化率由 98.85%提升至 99.85%以上，系统经济指标得到大幅提升，环保效益显著。同时通过余热回收装置的优化调节操作，实现了制酸系统余热资源综合利用，循环经济效应显著。

（二）高浓度烟气准等温"1+1"转化技术

本小节立足现有多段转化工艺，创新研究了高浓度 SO_2 烟气"1+1"准等温转化技术，通过转化器结构创新实现了准等温转化，解决了高浓度烟气转化热平衡技术难题，提升了转化率和反应热能利用率。

1. 数理模型设计

结合某系统实际生产运行情况，对各种不同工艺进行理论核算，利用专业软件对各项参数及工况进行模拟，最终确定准等温转化技术模型如下：

（1）最适宜温度选择

若要转化沿着最佳路线、以最快的速率进行，就应该在转化过程中随着转化率的升高而降低反应温度，最理想的情况就是将转化器内的温度控制在一个最佳点的范围进行准等温反应，同时将热量回收利用。

结合转化反应中平衡转化率计算公式（1-4），在一定温度和氧硫比的情况下，计算不同浓度下的平衡转化率，结果如表 1-4 所示。

表 1-4   一定氧硫比下浓度与平衡转化率的关系[①]

浓度/%	8	9	10	11	12	13
平衡转化率/%	94.91	95.18	95.41	95.62	95.80	95.95
浓度/%	14	15	16	17	18	19
平衡转化率/%	96.10	96.22	96.34	96.44	96.54	96.64

① 以温度440℃，氧硫比为0.8计算。

从上表中可以看出，一定氧硫比的情况下，随着烟气浓度的提升，平衡转化率是上升的，此时平衡转化率只与温度有关系。

现以该制酸系统的最高浓度计算（其中系统进气组成：SO_2 14%，O_2 11%），对最适宜温度取不同 x 值计算。

计算得最适宜温度与转化率的关系见表 1-5。

表 1-5   最适宜温度与转化率的关系

X_T/%	98	97	96	95	94	93
$T_{适}$/℃	392.54	420.90	430.87	448.73	460.44	468.91

从表中可以看出在较低的温度下有着高转化率。但是 SO_2 氧化反应是典型的非均相气相催化反应，反应物在固体催化剂表面转化为活性状态，促使反应快速进行。在正常操作条件下，催化剂中的活性组分呈熔融金属盐状态附着于

惰性载体上。催化剂（即 V_2O_5）只有处于熔融状态时才具有催化作用，而熔融通常在 400℃以上发生。目前国内钒催化剂的起燃温度在 400℃，但由于催化剂在开停车使用过程中的损耗，会造成催化剂的起燃温度有所上升。

气体经每层催化剂后温度升高，计算式是：

$$t = t_0 + \lambda(x - x_0) \tag{1-5}$$

操作线温度的确定：已知催化剂的起燃温度为 380℃，使用的温度为 400～620℃，考虑到应使操作线尽量与最适温度曲线靠近，且出口温度在催化剂的使用温度范围内，取进口气体温度为 420℃。

结合平衡转化率与温度的关系以及最适宜温度与转化率的关系，最终确定准等温转化器的最适宜温度为 445℃左右，温度范围为 420～480℃。对转化进行热量衡算，得出最终出口温度在 445℃左右，与最适宜温度相印证。

准等温转化温度控制图如图 1-13 所示。

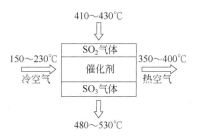

图 1-13　准等温转化温度控制图

（2）Aspen Plus 准等温转化数量模型建立

Aspen Plus 是一个生产装置设计、稳态模拟和优化的大型通用流程模拟系统。其中的数据拟合功能可将工艺模型与真实的装置数据进行拟合，确保精确的和有效的真实装置模型。同时，Design Specification 功能是自动计算操作条件或设备参数，满足指定的性能目标。利用 Aspen Plus 软件对最终设计方案进行数据拟合、模拟，最终准等温转化器的工艺方案如图 1-14 所示。

干燥后经 SO_2 鼓风机加压后，依次经第Ⅲ、第Ⅰ换热器壳程预热至 420℃的气体，一部分气体（20%）经准等温转化器催化剂层进行氧化反应；另一部分（80%）进入转化器第一段催化剂层进行转化，反应后的高温烟气通过第Ⅰ换热器管程进行热交换。冷却后的反应器温度降至 470℃。两部分烟气混合后达到 465℃左右进入转化器第二段催化剂层进行氧化反应，继续沿原生产路线进行。

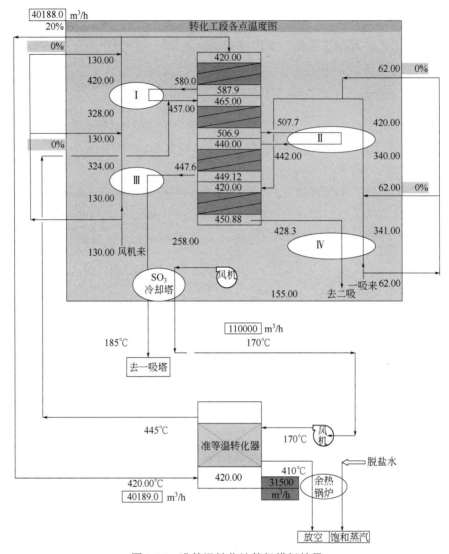

图 1-14　准等温转化计算机模拟结果

2. "1+1" 准等温转化工艺技术

（1）冷介质的选择

转化过程中产生大量的热量，采用何种介质将其热量均衡地移出，保持准等温状态尤为重要。目前，用于工业的高温热载体主要有水、压力蒸汽、有机导热油、液态金属、热空气和高温熔融盐。其适用温度和压力见表 1-6。各系统根据自身工艺和操作条件自主选择。

表 1-6 工业用热载体的使用条件

热载体	一般限定温度/℃	使用压力/MPa
蒸汽和水	0～238	0～3.0
导热油	0～238	0～1.0
液态金属	-38～800（或更高）	0～1.2
热空气	0～872	0～0.1
高温熔融盐	143～538	0～0.1

（2）准等温反应床层

床层的传热性能直接决定了床内的温度分布，从而对反应速率和产物的组成分布都具有十分重要的影响。床层的高度及管径的大小决定了床层的传热性能。

传统"3+1""3+2"转化工艺的一段转化，转化率基本能够达到 93%，因此我们根据平衡转化率、平衡常数与温度的计算公式，推导出在 SO_2 烟气浓度为 13%的情况下，其平衡转化率与温度的关系如表 1-7 所示。

表 1-7 平衡转化率与温度的关系[①]

T/℃	400	420	440	460	480
X_T/%	98.53	97.59	96.21	94.10	91.56

① 取 a=13%，b=11%，p=30kPa。

从上表中可以看出，在能够满足转化率达到 93%时，温度不能超过 480℃，即在催化剂活性温度允许的情况下，将温度控制得越低，平衡转化率越高。同时结合反应速率与温度的关系，在最高温度 480℃以下，其反应速率常数与温度的关系如表 1-8 所示：

表 1-8 反应速率常数与温度的关系

温度/℃	400	420	440	450	480
反应速率常数	0.34	0.55	0.87	1.05	1.86

准等温转化器内床层温度均匀一致，反应速率常数为常数，反应速率仅与浓度有关。按一维拟均相处理，设计方法与 PFR 相似。对固定床反应器取一微元段进行物料衡算，参照以下公式：

$$(-r_A)\mathrm{d}W = F_{A0}\mathrm{d}x_A$$

设计方程 $$\int_0^W \frac{\mathrm{d}W}{F_{A0}} = \frac{W}{F_{A0}} = \int_{x_{A0}}^{x_{Af}} \frac{\mathrm{d}x_A}{(-r_A)}$$

床层高度
$$L = \frac{W}{S\rho_B}$$

式中，ρ_B 为催化剂床层堆积密度，催化剂选取 S101 柱状催化剂，其堆填密度为一定值，最终计算得床层高度。

同时，在过低的温度下进行准等温转化，必然会对反应速率造成一定的影响。为消除低温对反应速率的影响，一是可以将温度控制在一定的范围内。二是适当增大床层的高度，这样一方面可以延长反应时间，增大接触面积，有效地消除温度对反应速率的负面影响；另一方面也适当地增大了床层径向阻力，有助于提高转化平衡率。

（3）"1+1" 二氧化硫准等温转化工艺流程开发

针对该制酸系统烟气浓度变化，在系统原有 "3+1" 转化流程的基础上，创新开发了 "1+1" 准等温转化工艺，工艺流程图如图 1-15 所示。

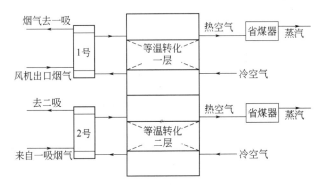

图 1-15　准等温转化工艺流程图

将全部高浓度二氧化硫烟气经换热器预热至 420℃进入准等温转化器，在进行 SO_2 转化的同时，通过空气将反应热移至余热系统生产蒸汽；一次转化后的烟气进入第一吸收塔吸收 SO_3 后，再进入准等温二次转化器中进行二次转化；冷空气分别进入等温转化器的一、二层，带走部分转化反应热后温度升高，热空气进入余热锅炉换热设备生产热水和蒸汽。

本技术可作为工艺插件，不影响主工艺系统的正常运行。在浓度高时按上述流程正常运行，在浓度低时通过阀门调节切换至原有 "3+1" 转化路线。一部分烟气经准等温转化器催化剂层进行氧化反应，反应热在准等温转化器内经冷空气带出至余热锅炉，以维持转化器内适宜的反应温度；转化后的烟气与大部分未转化的高浓度烟气混合后再进入原转化器一段催化剂层进行转化，一段转化后的烟气继续沿原生产路线进行，依次经过原转化器催化剂床层，转化完的烟气经余热回收系统回收余热后进入吸收塔吸收。

3．准等温转化设备创新

准等温转化的关键在于持续移热，即通过设备巧妙设计利用冷介质对反应的气体持续进行冷却，使反应不但能持续向正反应方向进行，还能持续将反应产生的热量移出，有效提高系统转化率。

（1）转化器构造及气体流向

从以上准等温转化理论可知，只有在产生的热量能在释放点及时移出，等温控制才有可能实现。固定床层内气相流动接近平推流，有利于实现较高的转化率与选择性，可用较少的催化剂和较小的反应器容积获得较大的生产能力。由于换热面不可能理想地均匀布置，因此床层内部会产生温差；换热面布置得越均匀，温差就越小。故此，选择与标准气-气换热器类似的列管式反应器，催化剂装在管内，以便实现准等温转化。对于大型准等温转化器，设计难点在于合理、均匀布置气流，确保各个反应点的准等温转化。因此该准等温管式固定床反应器的结构设计非常关键。

在该反应过程中，反应热必须沿着与工艺流体流向基本垂直的方向传递给冷却表面，然后经管壁传递给冷却介质。计算模型始终基于微分体积元的物料与热量平衡，同时考虑了沿管径向和轴向的传热分量。图 1-16 表示一个装有催化剂的反应管，单位体积的反应热可以通过优化管内外流量、管径等参数进行调整，或通过改变管数及冷却能力，以最小的风险进行调整。

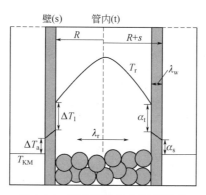

图 1-16　反应管的径向温度梯度

列管式固定床预转化器是拜耳公司已经证明可行的一种 SO_2 预转化器的结构形式。管式固定床反应器内放热反应的典型温度曲线如图 1-17 所示。为保证在准等温反应器内形成如上温度曲线，在整个反应过程中有足够的温度梯度来移热，保证反应的最优化，准等温转化器的最终反应模型如图 1-18 所示，催化剂填装在管内，烟气走管程、冷介质走壳程进行换热。

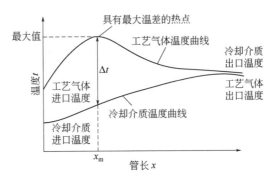

图 1-17　管式固定床反应器内放热反应的典型温度曲线

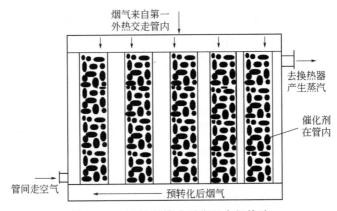

图 1-18　准等温管式反应器内部构造

（2）内导流筒式布气装置

准等温转化器的冷却介质温度越低，则传热推动力越大，有利于移去反应热。但是在实际过程中，由于冷却介质温度过低会造成催化床层沿管壁处过冷，催化剂活性低下，也会失去操作状态的热稳定性，所以准等温转化器内部合理的布气成为重中之重。

为解决这一难题，利用气体流线软件，对空气进入后的气体流向进行了多种布气方式的模拟，确定了一种内导流筒式布气装置，即在管式固定床反应器的中心设计冷却介质的中心筒，在中心筒壁上自上而下以 1：2：3 进行开孔，一是布气均匀，尽可能降低床层内部的温差，保证了反应速率；二是使得在整个管式反应过程中一直存在温度梯度，不断地将热量移走，实现反应向正反应进行，保证了转化率；三是保证了反应热沿着与工艺流体流向基本垂直的方向传递给冷却表面，然后经管壁传递给冷却介质，增强了传热效果。

（3）内置式换热器

由于冷却介质温度过低会造成催化床层沿管壁处过冷，催化剂活性低下，也会失去操作状态的热稳定性。原料气的预热过程是依次经过预换热器、转化器、冷却器，所以考虑换热器的换热面积适合，来自三氧化硫冷却器的热空气经核算初次预热后的温度控制在260℃左右为宜，这样既不会将已升温至420℃的烟气降至起燃温度以下，又可起到冷却作用。转化后的三氧化硫烟气温度控制在480℃左右，被加热的冷介质温度控制在470℃左右。由此，针对准等温反应器内部烟气与冷介质的热交换不存在酸雾冷凝设备的事实，在转化器内部设置内置式换热器，既能起到蓄热、热能回收利用率高的目的，又能减少占地面积，节能保温。具体实施后的内置式换热器如图1-19下方圈住部位所示。

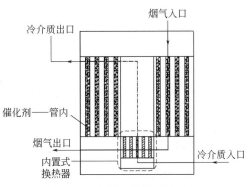

图1-19　内置式换热器布置图

该内置式换热器的应用，一是能够满足内外介质的换热，保证热能的回收利用，同时避免冷介质温度过低，造成交换器出口烟气温度低，吹灭中心筒温度；二是能够避免准等温转化后的烟气温度过高，为进入转化器二层前进一步降低外热交换器出口烟气的温度提供保障。

（4）准等温转化器

按照准等温转化反应模型的要求，研发了准等温转化器，在实现准等温转化的同时便于更为方便地检测转化器内部布气结构的合理性。

准等温转化器管内填装催化剂，管间移热介质纵向间壁换热，管底采用"门式格栅板+催化剂网+瓷球"三位一体的支撑结构，采用内置式换热器对反应的烟气与低温冷介质进行热交换，实现了转化内部最佳平衡转化。结构示意图如图1-20所示。

4．应用实践

高浓度烟气"1+1"准等温转化技术在某制酸系统转化改造项目中成功应用，系统运行平稳，转化过程温度恒定在420～480℃，单层转化率达93%以上。本技术作为工艺插件使用，适宜处理的SO_2浓度在8%～18%范围内，依据烟气

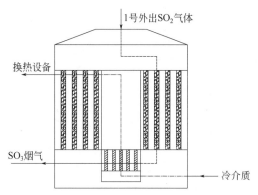

图 1-20　准等温转化器内部示意图

浓度高低切换转化工艺，具有更好的适应性和经济性。该技术可在生产系统现有工艺基础上改进，原工艺需要 "3+2" 完成的高浓度烟气转化操作，只需要 "1+1" 就能完成，转化床层数量由 4～5 层降至 2 层，大大简化了工艺流程。

第二节　复杂低浓度 SO_2 烟气吸收技术

　　冶金炉窑在生产过程中，除了产生高浓度工艺烟气外，在非正常生产状态下还产生大量的低浓度 SO_2 烟气，这部分烟气规律性差，成分复杂，不宜送入制酸系统进行处理。国内外治理低浓度烟气的工艺有很多，目前我国主要以吸收（附）法脱硫技术为主，常用的有钠碱法、柠檬酸钠吸收解析法、活性焦吸附法等，几种工艺各具特点，环保和经济效益双赢是选择处理工艺的关键所在。本节针对几种脱硫工艺的不足进行优化，开发了钠碱法经济脱硫技术，创新应用了柠檬酸钠法连续脱硫技术和活性焦法低能耗脱硫技术，解决了低浓度烟气环保经济治理的难题，实现了低浓度 SO_2 冶炼烟气的资源化利用。

一、稳定性低浓度烟气钠碱法经济治理技术

　　钠碱法脱硫工艺是以 NaOH 或 Na_2CO_3 作为吸收剂吸收烟气中的二氧化硫，反应后的吸收液经过净化、中和、浓缩、结晶、干燥等工序最终制成无水亚硫酸钠产品。钠碱法脱硫吸收系统比其他湿法脱硫工艺简单，且钠碱的强碱性使其具有其他脱硫剂不可比拟的高脱硫效率，同时副产物亚硫酸钠应用较为广泛。亚硫酸钠在工业上常用作还原剂使用，如纺织工业用于漂白织物，电影、照相行业用于显影剂，食品行业用于防腐剂，制革行业用于去钙剂，也可用于有机

合成和医药合成等。

有色冶炼生产过程中，受处理物料含硫量的影响，部分炉窑（回转窑、挥发窑、电炉、反射炉等）在生产过程中产生大量的低浓度冶炼烟气，此部分烟气 SO_2 浓度在 3%以下，符合钠碱法脱硫技术的工艺要求。本小节针对钠碱法工艺中存在的吸收过程杂质难以去除、蒸汽单耗高、物料干燥难度大等技术难题，开发了一种低成本钠碱法脱硫技术，在环保达标的同时，实现了系统的稳定运行。

（一）双塔串联连续吸收工艺

双塔串联连续吸收工艺由吸收塔、尾气吸收塔、配碱罐、吸收塔和尾气吸收塔间的平衡管、循环泵、pH 联锁控制阀、液位控制联锁阀组成（图 1-21）。吸收塔和尾气吸收塔之间的平衡管带有一定的坡度，以便于碱液从尾气吸收塔流入吸收塔，吸收塔和尾气吸收塔各分别配置一台循环泵，进行吸收液的连续输送；吸收塔的循环管道上设置一个 pH 计与吸收塔的出料自动阀联锁；在吸收循环槽上设置一个液位计与尾气吸收塔的进料自动阀联锁。

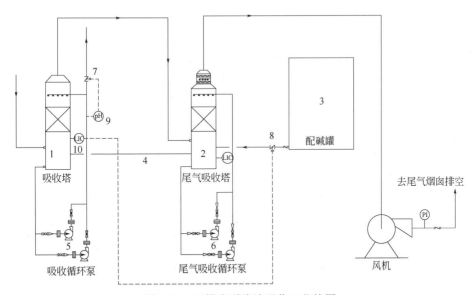

图 1-21　双塔串联连续吸收工艺简图

1—吸收塔；2—尾气吸收塔；3—配碱罐；4—平衡管；5—吸收循环泵；6—尾气吸收循环泵；
7—pH 联锁控制阀；8—液位联锁控制阀；9—pH 计；10—风机

将浓度为 30%的液碱用泵输送至配碱罐，加水配制成浓度为 10%左右的稀碱液，通过自压流入尾气吸收塔的循环槽，达到一定液位时，再经平衡管串入吸收塔的循环槽，同时启动吸收塔循环泵和尾气吸收塔循环泵，将碱液输送至塔顶的喷淋装置，碱液从喷淋装置喷淋而下，与从塔中自下而上的低浓度二氧化硫冶炼烟气逆流接触，碱液中的氢氧化钠将烟气中的二氧化硫吸收；烟气经吸收塔吸收后从塔顶的气体出口出来后再进入尾气吸收塔进行二次吸收，使尾气达标排放。吸收液达到一定 pH 值即吸收合格后输送至吸收液储罐，在两级吸收塔主要进行如下的化学反应：

$$2\,NaOH + SO_2 \rightleftharpoons Na_2SO_3 + H_2O$$

$$Na_2SO_3 + H_2O + SO_2 \rightleftharpoons 2\,NaHSO_3$$

正常生产时，碱液先经尾气吸收塔对二氧化硫进行吸收，然后再串入吸收塔。因此，进入吸收塔内的碱浓度已较低，且吸收塔内烟气浓度较高，故较容易吸收合格。当吸收达到终点时，由 pH 计控制打开吸收塔的出料阀门。当吸收塔出料量达到一定程度，吸收塔液位就会降低，然后由吸收塔的液位计控制打开尾气吸收塔进料阀，往尾气吸收塔的循环槽中加入新配制的碱液，尾气吸收塔液位上升后，由于两塔液位不平衡，尾气吸收塔内的碱液将会通过平衡管串入吸收塔，最后实现进出料量平衡，达到连续吸收的目的。

双塔串联连续吸收工艺自动化程度高，劳动强度小，更重要的是实现吸收工艺的连续运行，烟气全时达标。

（二）连续配碱—中和—过滤工艺

1．连续配碱—中和—过滤工艺流程（图 1-22）

传统亚硫酸钠中和过滤的工艺为典型的间歇式生产工艺，设备规模大、工艺指标不易控制、操作强度大且生产能力低，不适合大规模生产。针对传统工

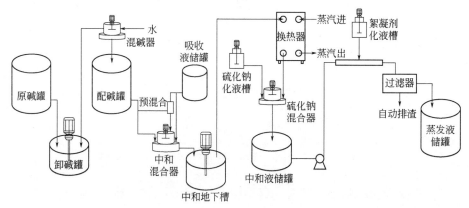

图 1-22　连续配碱—中和—过滤工艺流程简图

艺的不足，开发出一种连续配碱混合器和自动联锁控制装置，实现了配碱浓度在不同的水碱比例情况下稳定可控；开发出一种连续喷射式混合器，通过前端对液体的预混合和后端返调混合器的返调，保证混合均匀，实现中和的连续化；将反应器的结构改为管道式，使物料在流动过程中完成中和反应，既保证了反应充分，又可实现工艺流程的连续性；采用了先进的重力反冲洗悬浮过滤床，提高除渣效果的同时加快了过滤速度，保证了最终产品质量。

2．连续配碱和自动联锁控制技术

亚硫酸钠生产过程中，利用烧碱对烟气中二氧化硫烟气进行吸收，过高浓度的烧碱直接与烟气反应会造成反应过于剧烈，易生成稳定的硫酸盐，对管道和设备造成堵塞，因此在生产中将30%的浓碱与水进行混合，最终形成10%左右的液碱，稀释液碱浓度的过程叫做配碱。传统的配碱方式为人工根据经验在混碱装置中加入碱和水，经过充分搅拌后测定碱液的浓度，根据碱液浓度再次加入水或碱，完成配碱过程，不仅劳动强度大，且不能实现连续运行。

连续配碱过程浓度联锁技术（图1-23）是通过以下操作实现的：在原碱罐底部管道和新水管道上分别安装气动阀门和流量计，配碱开始时，先将液碱气动阀门开度设为定值，根据原碱的数据计算配碱比例，将配碱比例分别与液碱、新水气动阀门设置相应的联锁，在主控画面输入配碱比例，此时液碱阀指定的开度对应一定的流量值，电脑经过自动分析后，根据配碱比例和液碱的流量自动计算出新水流量，同时将此信号反馈给阀门，阀门相应进行调整，达到一定的开度，此时新水流量根据液碱流量和配碱比例进行自动调节，配碱的流量为定值，实现了单变量连续配碱过程的自动控制。

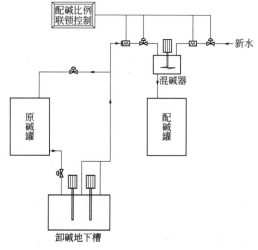

图1-23　连续配碱和自动联锁控制技术简图

3. 喷射式自动反调连续中和一体化混合器

喷射式自动反调连续中和一体化混合器（图 1-24）是一种冶金化工过程使用的液体和液体的均混装置，其结构主要包括：装置壳体、搅拌装置、进料装置、调整液进入装置、混合液排出装置。

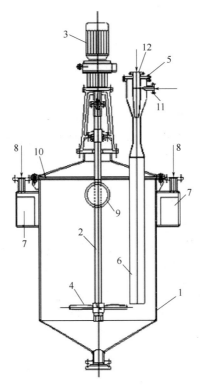

图 1-24　喷射式自动反调连续中和一体化混合器

1—壳体；2—搅拌轴；3—搅拌电机；4—搅拌叶片；5—喷射式文丘里管；6—进液管；
7—反调液；8—反调液入口法兰；9—中和液溢流管；10—壳体上端法兰；
11—吸收液进液管；12—配碱进液管

在亚硫酸钠生产中，根据中和工艺要求，增加吸收液和配碱高位槽，吸收液和配碱分别用泵打入高位槽，吸收液由高位槽溢流，加自动阀控制，从喷射式混合器顶部进液管进入；配碱由高位槽溢流，加自动阀控制，从喷射混合器侧面进液管进入，由喷射混合器按比例对吸收液和碱液进行初步混合，保证混合均匀，混合均匀后从混合后液溢出口溢出，经排液管排出，在吸收液 pH 值和配碱浓度发生变化时，在混合器两侧设有的两个调整液进入管，分别加入反调吸收液和反调碱液，进行反调。通过先粗略调整、再精细调整的两个过程，将最终混合溶液的各项指标严格控制在要求范围之内。

该装置创新性地将烟气洗涤过程中气液接触运用较为成熟的文丘里管用于两种液体混合，使两种液体在短时间内完成高效的反应，有效克服传统的单罐间歇式中和装置的缺陷，实现连续化操作，保证混合质量，自动化程度高，减小了劳动强度，设备体积小，大大缩小了占地面积。

4. 重力反冲洗悬浮过滤技术

在中和过程中，亚硫酸钠吸收液和硫化钠反应后的生成物是以一种胶状物质存在，沉降速度慢，普通的过滤方式很难将此部分杂质去除，从而影响后续的产品质量。传统的浓密设备，在添加絮凝剂的状态下能够加快胶状的颗粒物质的抱团和沉降，但整个工艺流程较长，且设备尺寸较大；而离心过滤等其他过滤形式也只可过滤含渣量较大且渣粒较大的颗粒物；针对过滤效果较好的袋式过滤机和板框压滤机，胶状物质很容易黏在滤袋或滤布的表面，造成滤袋堵塞，无法进行正常过滤。因此对于胶状的物体没有很好的过滤设备，而亚硫酸钠产品标准中，对其中重金属、Fe、不溶物等物质有严格的要求，为了提高产品品级率，就必须将此部分杂质去除。通过对不同的过滤技术进行研究，最终开发了重力反冲洗悬浮过滤技术，并研发了应用于中和过程杂质去除的重力反冲洗悬浮过滤设备（图 1-25）。

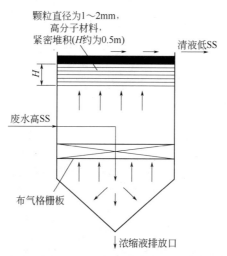

图 1-25　重力反冲洗悬浮过滤器工作原理示意图

重力反冲洗悬浮过滤器采用整体玻璃钢制作，具有耐酸、耐碱、抗氧化、耐高温的特点。过滤器内部装有一定高度的悬浮介质层。悬浮过滤介质为 1～2mm 小球，采用特制高分子材料加工，密度大约为水的 1/10。球形介质在过滤器内均匀分布，紧密排列，吸附截留水中悬浮物，在介质表面形成滤饼层。随着滤饼层变厚，重力大于浮力，则掉落进入底部浓缩液区。另外本身还带有对偶极子，可以吸附进入悬浮层的细小悬浮物，并且可以结合高效无机絮凝剂吸附废水中的有机物。由于悬浮物结合力比较弱，可通过反冲洗快速冲刷下来，从而又恢复吸附能力，过滤器采用自身排泥进行反冲洗，操作简单，提高了过滤速度，过滤效果彻底，效率达到99.0%以上。

（三）板式冷凝器＋真空泵一体化真空蒸发技术

亚硫酸钠蒸发浓缩是液固分离较为传统的方法，多效蒸发装置中的真空设备必须把真空下蒸发出来的二次蒸汽全部冷凝，并把其中夹带的不凝气彻底排除，常用水喷射冷凝技术起到冷凝和抽吸的双重作用。水喷射冷凝技术中主要设备包括：水喷射冷凝器，有抽水室、气室、喷嘴、喉管及尾管等。冷却水由进水管进入水室，然后从喷嘴中喷出，并产生抽吸作用，将蒸汽吸入气室内冷凝，冷凝后热水通过喉管、尾管进入位于地下的热水池。传统真空系统工艺流程简图见图1-26。

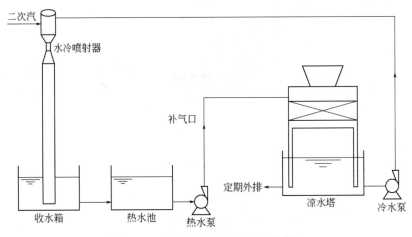

图1-26　传统真空系统工艺流程简图

传统的水喷射冷凝技术虽然能够起到冷凝和提供真空的作用，但是存在真空度不稳定现象，导致吨产品气耗高、设备配用功率高、物料和水双重浪费、设备设施腐蚀严重、工艺管线长等缺点。

为了消除传统水喷射冷凝技术存在的不足之处，创新性地采用板式冷凝器＋真空泵一体化真空工艺（图1-27），板式冷凝器使二次汽快速冷凝，真空泵将不凝气抽出,实现了蒸汽冷凝与不凝气的分开处理,通过调节真空泵进气量及补入空气的方式来保证真空度的可调性。只用一台板式冷凝器和一台真空泵代替了原水喷射冷凝器、收水箱、热水池、热水泵的真空工艺,极大地缩短了流程,减少占地的同时降低了设备能耗。

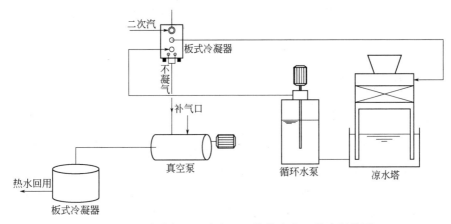

图 1-27 板式冷凝器+真空泵一体化真空工艺流程简图

采用板式冷凝器,循环水与二次汽间接换热,实现了循环水的闭路循环,避免了二次汽中物料对循环水的污染,无须定期排放,保证循环水的洁净,并且大大降低了循环水系统的腐蚀速率。

冷凝的二次蒸汽来自双效蒸发器,其中夹带部分来自料液蒸发带出的亚硫酸钠,可将这部分水用于吸收、中和工序配碱,即可实现系统水平衡,既解决了大量碱性水的去向问题,又满足了配碱工艺的水需求,实现了变废为宝的目的。

采用板式冷凝器+真空泵一体化真空工艺后,保证了蒸发系统的真空度,根据生产需要使真空度在-75~-40kPa范围内可调,保障了蒸发系统的稳定生产,并实现了蒸发蒸汽冷凝水的回收,成功实现了水资源的循环利用,从一定程度上回收了蒸汽冷凝水当中的亚硫酸钠,达到了节能减排的目的。

(四)干燥、冷却二合一流化床干燥技术

1. 国内常用的干燥技术

目前国内适用于粉料干燥的设备主要有桨叶式干燥机、旋转闪蒸干燥机、振动流化床、气流干燥机等,以上几种干燥设备干燥能力较小,需多台并联才能达到相对应的生产能力的要求,而单台设备干燥能力较大的仅有蒸汽回转式

干燥机和内加热流化床。

（1）蒸汽回转式干燥机

蒸汽回转式干燥机是一种利用蒸汽的热量，通过间接换热方式进行干燥的回转设备，通过在回转干燥机内设置贯穿整个干燥机的蒸汽加热管提供干燥所需热量，是一种间接换热式干燥设备。干燥时加热管随着筒体一起转动，进入干燥机内的物料在转筒内受到加热管的升举和搅拌作用，并被加热管提供的热量干燥，干燥后的产品借助于干燥机的倾斜度从较高一端向较低一端移动，于设在较低端部的排料口排出，而汽化出的水分通过风机引入的载湿气体排出干燥机外。该设备热效率高达 80%～90%，设备单台处理能力大，适用于连续操作，且操作简单。

蒸汽回转式干燥机虽然具有以上的优点，但其为运转设备，同心度要求非常高，在运转过程中易出现问题，因为有倾斜角度，靠托辊调节，挡轮正常情况下不接触，齿轮需经常校正，热设备的开停不能长时间停留在某一位置，大的回转热设备需保养维护的非常多，设备内部加热管都为固定式，检修更换很困难。另外，在前期的蒸发工序中若温度、浓度控制不当，会造成：①离心分离机出稀料；②回转干燥机内结块，清洗难度大；③因物料结块而使换热效率低、干燥不彻底而导致系统停产。另外，回转窑干燥机需设置体外水蒸气回收系统、物料冷却系统，流程长且占地面积大。

（2）气流干燥机

气流干燥是使被干燥物料均匀地悬浮于热气流中，使热空气与被干燥物直接接触而进行的干燥，因为物料在干燥管内的滞留时间极短（0.5～3s），所以也叫"瞬间干燥"，它是固体流态化技术在干燥方面的应用。由于固体颗粒悬浮于气流中，因而两相接触面积大，相对速度高，因而强化了传热与传质过程，提高了干燥速率，干燥时间只需要数秒钟。气流干燥技术具有干燥强度大、干燥时间极短、热效率高、设备简单且处理量极大、产品质量均匀可靠等优点，是一种应用非常广泛的干燥技术。

从目前来看，利用气流干燥方法干燥热敏性散粒物料仍占绝大多数。被干燥物料粒度一般在 40～100 目之间，初始含水率一般为 10%～20%，也有高达 60% 的。成品含水率多为 1%～0.1%，也有达到 0.05% 的。气流干燥管长度约 10～20m，短到 3～4m 的也有（如对氨基酚的干燥），管径多为 $\phi300mm$，也有达到 $\phi500mm$ 的。但气流干燥器存在着一些缺点，如整体装置高度过高、需单独配备物料冷却器、能耗高。

（3）内加热流化床

内加热流化床是在常规流化床干燥和间接加热式干燥基础上发展起来的一种新型干燥技术。它是将管式热交换器沉浸在流态化干燥物料中，物料脱水所需热量分别由埋管热交换器和流化用热空气提供的一种高效节能干燥器。

相对蒸汽回转式干燥机，该设备为静设备，机械结构简单，能耗低，日常维护量少，设备检修简单，且由于其占地面积小，系统投资省而凸显出优势。但如前所述，由于亚硫酸钠的黏结性，加上内加热流化床的操作要求相对较高的特点，使得干燥难度加大，必须彻底解决物料结晶不好或离心机离心后含水率较高导致的物料在设备内结块的问题，以提高设备的操作弹性。

2. 预混料＋内加热式流化床工艺流程

亚硫酸钠湿物料具有易结块、强腐蚀的特性，故开发了一种预混料＋内加热式流化床干燥工艺。将含湿量为10%的亚硫酸钠原料与旋风分离器返回的干料在混料机内混合后送入进料分散器而进入内加热流化床（图1-28），由140℃的热空气使其产生正常的流态化，由热风和内加热流化床内置式换热器共同提供热量，使水分蒸发，其含湿量降为0.1%，然后进入冷却段，由与外界同温的冷却风使其保持流态化，由冷却风和内加热流化床内置式换热器共同提供冷量，使物料降温，降温后的物料经成品卸料阀排出内加热流化床。

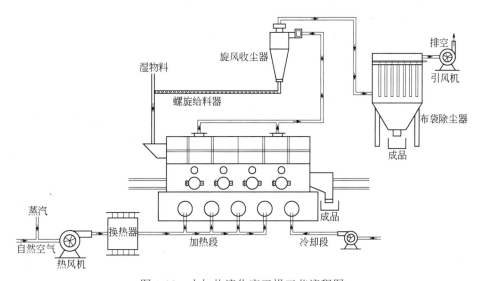

图1-28　内加热流化床干燥工艺流程图

　　预混料＋内加热式流化床工艺，利用热风和蒸汽混合加热方式，保证了物料的干燥程度；利用冷空气对干燥后物料进行降温，一是使干燥后物料可直接用于包装，二是增加空气流通量，降低干燥后空气的含湿量，确保布袋除尘器的稳定运行；采用"鸭形嘴式"进风方式（图 1-29），确保物料的流态化及输送，保证干燥效果。预混料＋内加热式流化床缩短了工艺流程，减少了占地面积，降低了维护费用，提高了热空气的应用效率。

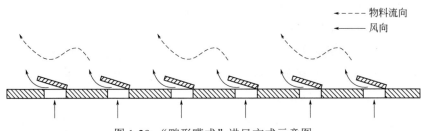

图 1-29　"鸭形嘴式"进风方式示意图

　　通过设计"鸭形嘴式"布气装置，有效地改善了流化床底部气流的分布，使气流能够较均匀地进入流化床，解决了分布板上风帽的局部堵塞、分布板黏结的问题，提高了设备运行效率。

　　创新性地将硫酸系统转化工序产生的热空气引入干燥设备与亚硫酸钠湿料接触，在提供物料流态化动力的同时与干燥前段含湿较高的部分物料充分接触换热，提供了干燥初始段的热量，并采用多种干燥流程有机结合，实现热能的综合利用，降低了干燥能耗。利用蒸汽潜热与热风混合干燥方式，保证了恒速段及降速段物料的干燥程度，确保了物料干燥效果，加大了干燥速率。

　　创新设计研发了干料返料、混合、打散、分布装置。使离心分离出的湿物料或拉稀料与旋风收尘器收集的干物料经混合、打散、分布后进入流化床，降低了物料的含湿度，确保了物料的均匀分布，增大了物料与热空气的接触面积，提高了换热效率，降低了热能的消耗及压床概率。并设置了旋风收尘器、布袋除尘器两级串联组合除尘工艺，实现了粉尘物料最大程度的收集，避免了物料的浪费，保证了周边环境。

（五）应用效果

　　钠碱法经济治理技术在烟气治理系统中得到了成功应用，有效地回收了硫资源，副产的亚硫酸钠产品产生了一定的经济效益，通过工艺流程优化和指标调控，无水亚硫酸钠品级率达到较高的水平，最高可达到 97.69%以上；通过技术创新、研发新技术等手段，自动化程度高，生产过程中的物耗和能耗均有显著下降，具有国内的先进水平。

二、柠檬酸钠法连续脱硫技术

（一）柠檬酸钠法烟气脱硫工艺研究

行业内柠檬酸钠吸收解析法装置规模较小，主要应用于吸收较高浓度的 SO_2 烟气制取液体 SO_2，在低浓度 SO_2 烟气治理领域应用较少，其应用难点主要存在以下几方面：因烟气 SO_2 浓度低且成分复杂，在吸收过程中 Na_2SO_4 富集，易导致设备及管道堵塞；低浓度 SO_2 烟气气量大，吸收设备大型化的布液问题是设计的难点。在此基础上对柠檬酸钠法治理波动性烟气进行试验和研究，将柠檬酸钠吸收解析工艺创新应用于低浓度烟气脱硫，通过冷冻脱硝工艺实现了吸收过程连续化，通过对设备结构创新实现了装备大型化。

1. 柠檬酸钠吸收效率影响因素分析

（1）吸收液浓度的影响

一般来说，随着烟气中 SO_2 体积分数的增加，利用较高质量浓度的吸收液有较好的吸收效率。

由图 1-30 可以看出，增大吸收液中柠檬酸的浓度对吸收是有利的。对低浓度 SO_2 的吸收要配制合理的吸收液浓度。只有吸收液中的柠檬酸浓度达到一定的数值，才能确定较好的吸收效果，当然吸收液中的柠檬酸浓度也不能过高，以防因柠檬酸盐浓度提高后产生结晶对生产带来不利影响。

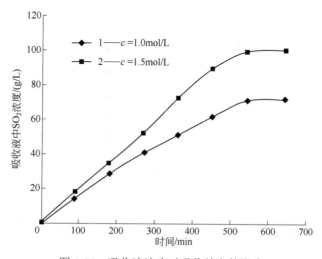

图 1-30 吸收液浓度对吸收效率的影响

（2）吸收液 pH 值的影响

吸收液 pH 值也是影响吸收效率的一个主要因素。初始吸收液的 pH 值越高，吸收液中 SO_2 浓度也会越高，为了提高吸收效果，初始吸收液的 pH 值应当调整到柠檬酸钠缓冲液的 pH 范围并接近上限更好些。

（3）吸收温度的影响

一般来说，温度升高利于吸收反应的正向进行，但这并不意味着温度越高越利于吸收反应，温度过高会促进反应的逆向进行，抑制 SO_2 的吸收。通过研究，控制吸收的温度在 20～40℃的范围内能得到较好的吸收效果。

（4）液气比的影响

液气比是指吸收液与被吸收气体的体积之比。液气比对吸收效果的影响见图 1-31。

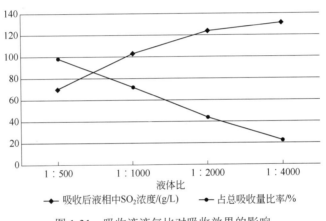

图 1-31　吸收液液气比对吸收效果的影响

由图可知，采用适当的液气比不但可以获得较高 SO_2 含量的吸收液，而且可以有效提高气体的吸收效率，并且对设备尺寸和操作费用有影响。

2. 工程化试验研究

在理论研究的基础上，利用某系统转炉排空烟气进行了工业化试验研究。烟气中 SO_2 浓度高低交替运行，吸收过程比较复杂。若前期烟气 SO_2 浓度较高，吸收进行一段时间后，低浓度烟气开始进入吸收塔，当吸收塔入口 SO_2 浓度低于出口浓度时，出现吸收液相中 SO_2 被吹除出来的现象，波动性烟气不能达标排放。为此，在柠檬酸钠吸收塔后串联尾气吸收塔，用液碱作为尾气达标的保安吸收剂，保证尾气全时达标。

柠檬酸钠和液碱这两种吸收剂的用量是一对矛盾体。若要保证柠檬酸钠吸收液具有较高的解析率，则需吸收富液中有较高的 SO_2 含量，可将吸收终点控制在吸收饱和上限附近，在吸收率小于40%时倒液较为适宜，但这样尾气吸收塔耗碱量较大；若要减少尾气吸收塔耗碱量，可以在吸收率大于60%时开始倒液，但这样柠檬酸钠吸收液中SO_2含量较低，解析率也会降低，单位SO_2产量的蒸汽耗量将增加。

以低浓度烟气治理的经济性为着眼点，经过多次实验验证，烟气中SO_2浓度为0.5%～0.7%时，当吸收率降低至60%左右时开始倒液，整体运行较为经济。

3. 脱硫工艺流程开发

根据烟气条件和试验情况开发了"两塔净化＋双塔吸收＋间接汽提解析"工艺，具体流程如图1-32所示。

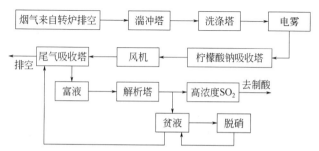

图1-32 "两塔净化＋双塔吸收＋间接汽提解析"工艺流程简图

来自冶炼系统的烟气在湍冲塔逆喷管内与洗涤液充分接触，初步降温、除尘后进入湍冲塔塔体，塔体部分为填料塔，气体与洗涤液逆流接触，进一步除尘、降温至56℃左右；除尘后的烟气进入洗涤塔内进行绝热降温，脱除大部分水分；脱水后的烟气进入电除雾器，除去酸雾颗粒，烟气得到净化。

净化后的烟气首先进入一级柠檬酸钠吸收塔，气体在塔内与液体逆流接触，其中的SO_2被吸收液中离解出的柠檬酸根吸收而进入液相；剩余少量未被吸收的SO_2随烟气进入液碱吸收塔，与氢氧化钠反应脱除，尾气达标排放。

吸收工段的柠檬酸钠吸收液接近饱和时，吸收富液送到换热器与解析塔出口的高温贫液换热提高温度，再用蒸汽补充热量进一步将吸收液提高温度到97℃左右，然后进入解析塔顶部，喷淋而下；部分解析塔底部高温贫液进入再沸器加热到100℃左右，从塔底进入解析塔，部分高温贫液在解析塔底部迅速汽化产生蒸汽，与塔顶喷淋下来的吸收富液逆流接触，脱出高浓度SO_2气体，SO_2气体经冷却、脱水后送制酸系统；其余解析后的贫液经换热至温度40～45℃后返回吸收塔内循环使用。

（二）吸收液冷冻脱硝技术研究

柠檬酸钠在对 SO_2 烟气吸收的过程中，由于烟气中含有大量的 O_2 和起催化氧化作用的粉尘，使吸收液中的 Na_2SO_3 发生氧化生成 Na_2SO_4，且 SO_2 浓度很低，柠檬酸钠吸收时间长，为氧化创造了条件。在吸收和解析过程中，经过一段时间的循环运行，Na_2SO_4 富集，其结晶体易导致设备及管道堵塞，必须对吸收液进行脱硝处理。

1. 冷冻脱除 SO_4^{2-} 工艺的研究应用

目前国内大部分脱除 Na_2SO_4 的方法可以分为三大类。第一类是化学方法，加入能与 Na_2SO_4 反应生成不溶的硫酸盐的试剂，再通过固液分离除掉硫酸盐；第二类是采用物理方法，采用冷冻法降低 Na_2SO_4 的溶解度使之结晶析出；第三类是离子交换法。若采用化学方法来脱除 SO_4^{2-}，既消耗物料，又会引入新的杂质离子，不适用于柠檬酸钠吸收解析系统。用离子交换法来脱除 SO_4^{2-}，设备投入大，产生过量的再生废液。结合 Na_2SO_4 溶解度的性质，温度低于 40℃ 的条件下其溶解度随温度降低而减小，结晶物为 $Na_2SO_4 \cdot 10H_2O$（芒硝），故采用冷冻法脱除 SO_4^{2-}。

（1）冷冻法脱硝关键控制参数的确定

结晶过程的关键控制参数主要包括过冷度、操作温度、料液循环量和料液停留时间。

① 过冷度的控制。芒硝的结晶析出就是通过降低温度，使溶液中的 Na_2SO_4 含量达到过饱和形成的。过饱和度与晶体的成核与成长有密切的关系，适度增加过饱和度可以提高成核速率。控制结晶过程的条件之一就是控制溶液的过饱和度在介稳区之内（见图 1-33），从而得到较大的晶体粒度，保证晶体与母液的分离效果。实际操作中对过饱和度的控制，经常通过对溶液过冷度的控制来实现，因此掌握物料在生产条件下允许的最大过冷度是问题的关键。根据溶液体系中 SO_4^{2-} 的溶解度曲线分析（见图 1-34），在设计工艺条件参数时，过冷度不能超过 1℃。经实验检测，在所控制过饱和度范围内，芒硝的结晶颗粒有较为理想的粒度分布，结晶颗粒能够与母液有效地分离。

② 操作温度的确定。根据 Na_2SO_4 溶解度曲线，按照本工艺对冷冻后母液 SO_4^{2-} 质量浓度要求（低于 30g/L），冷冻结晶温度必须控制在 0℃ 左右。

③ 料液循环量的控制。为使过饱和度不超过介稳区的宽度，必须保证足够的料液循环量。芒硝超溶解度曲线测定中，介稳区 SO_4^{2-} 过饱和度数值以小于 15g/L 为宜，据此可计算出满足此条件的最小循环量。为了避免实际运行中循环量波动造成过饱和度短暂地超过介稳区，因此循环量要保证一定的放大比例。

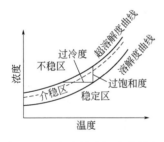

图 1-33　溶液的溶解度曲线与
超溶解度曲线

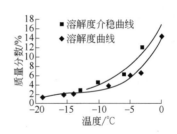

图 1-34　Na_2SO_4-NaCl-H_2O 体系中
SO_4^{2-}的溶解度曲线和介稳曲线

④ 料液停留时间的选择。对于连续结晶器，设计参数有效容积 V 要由物料晶体的生长速率 G 和料液的停留时间 τ 确定。由 Randolph 和 Larson 根据质量随粒度分布的阶矩式推导的关系式 $L_D=3G\tau$，式中 L 为晶体产品的主粒度（mm），G 为晶体生长速率（m/s），τ 为停留时间（s），它们是结晶器设计中确定停留时间 τ 的主要依据。其中 G 需要在实验室中模拟实际生产条件下物料的流体力学状态进行测定，根据测定的结果，$Na_2SO_4 \cdot 10H_2O$ 晶体在给定条件下的线性生长速率为 $3.5 \times 10^{-8} \sim 5 \times 10^{-8}$m/s，据此如果设定结晶器晶体主粒度 L=0.3mm，可以计算出料液在结晶器中的停留时间为 2h 左右。

（2）冷冻法脱硝工艺路线

通过对过冷度、结晶器的温度以及料液循环量的优化确定，将冷冻法脱除硫酸钠工艺应用于柠檬酸钠吸收解析系统中以后，使吸收液中的 SO_4^{2-}含量 $\leqslant$ 30g/L，冷冻法脱除硫酸钠工艺流程图如图 1-35 所示。

图 1-35　冷冻法脱除硫酸钠工艺流程图

2. 新型冷却结晶器的研究与应用

在硫酸钠结晶器的结构设计中，研究应用了 DTB 型结晶器，利用内部搅拌器使晶浆中的颗粒尽可能达到全悬浮状态，但结构上与传统 DTB 型有很大不同。

（1）通常型的 DTB 结晶器

图 1-36 为通常型的 DTB 结晶器，非常适合于通过蒸发达到结晶的工艺过程。原料进入结晶器中，结晶器内设置导流筒，形成循环通道，导流筒内设有

螺旋搅拌桨，可以看作内循环轴流泵，悬浮料液在搅拌桨的推动下，经导流筒上升至液体表面，然后转向下方，沿导流筒与圆筒形挡板之间构成环形通道至容器底部，然后又被吸入导流筒的下端，完成一次循环。由于导流筒能够同时输送晶浆与过饱和溶液，使之充分混合，并分布到结晶器各处，晶体颗粒在此过程中消耗产生的过饱和度不断升高，同时也使结晶器内过饱和度处于较低的水平，避免大量新的晶核产生，故而创造了比较良好的晶体生长环境。

（2）新型冷冻结晶器

对于冷冻结晶器，过饱和度并不产生于料液的上表面，因此采用了 DTB 结晶器的设计理念，但结构上做了大的改变。首先将导流筒内流体的流动方向改为向下流动，新进料液与循环母液混合后进入换热器，换热后达到规定的冷冻温度，从而产生过饱和度，直接从上部进入导流筒，在搅拌桨的推动下向下流动，继而沿导流筒的外侧从下至上流动，形成循环。罐体底部采用 W 底设计，有利于晶体的悬浮和料液循环。结晶器的搅拌桨采用特殊设计，有利于晶浆的流动并减小与颗粒的碰撞。导流筒和罐体直径的设计以及搅拌桨转速的选择都要使晶体在罐体的直段达到良好的悬浮状态。

新的结晶器结构还充分考虑了减少结晶过程中的二次成核，促进晶体长大的因素。在图 1-37 中，结晶器内部晶体颗粒随粒径的大小以不同流速运行，较小的晶体颗粒随循环液同步运行，完成完整的循环，并不断长大。而对于较大的晶体，导流筒外侧液体上升的流速仅能使其悬浮。由于在结晶器上部增加了直径扩大段，上升流速降低，使得较大的晶体颗粒难以越过导流筒上端，进入导流筒内部，减少了大颗粒与搅拌桨碰撞的机会。结晶器的上段为澄清区，可以保证溢流的循环液中夹带的颗粒数量较少，且粒度很小，这样可以使循环液在与循环泵的叶轮接触时，二次成核较少；同时，循环泵选择轴流泵，在保证流量与扬程的情况下，叶轮转速尽量降低，这些措施都保证了循环液在循环过程中尽量减少二次成核的机会。

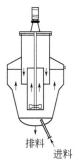

图 1-36　DTB 结晶器结构型式

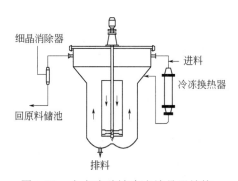

图 1-37　十水硫酸钠冷冻结晶器结构

柠檬酸钠吸收解析系统中采用的冷冻法连续脱除吸收液中的硫酸根，解决了吸收液无法循环使用的问题，杜绝了柠檬酸钠吸收液外排，减少了二次环境污染。

（三）设备大型化吸收率提升技术研究

与小规模的柠檬酸钠法制取液体 SO_2 装置不同，柠檬酸钠法脱硫处理的烟气量大，设备尺寸也较大，如何保证设备大型化状态下的高吸收率也是该技术应用的关键。设备大型化主要的技术难题在于如何均匀布液，通过对不同的布液装置进行对比研究，创新开发了多级变径管式分液器和大型气液分离器，解决了设备大型化均匀传质难题，实现了吸收率的提升。

1．多级变径管式分液器的开发

（1）结构型式创新

传统的分液器由分液管主管、支管组成，且都为等径直管，主管与支管之间为短节连接，无流量调节装置，不能合理分配各支管间的流量，导致塔内分液不均，使吸收效率降低。针对这些不足进行研究，充分考虑到流体力学中介质黏度、密度及输送管道材质对流体力学性质的影响，结合现场试验来确定各二级支管的管径变化，以确保介质在各分液点的流速及压力基本相同，从而保证塔内各点处有相同的喷淋密度；为了适应流体力学性能对喷淋密度的影响，在三级变径管道处设置液体流量调节系统（调节阀或孔板）。具体结构型式见图 1-38、图 1-39。

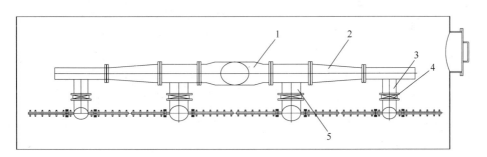

图 1-38　多级变径管式分液器结构的平视图

图 1-38 中 1 为二级分液管的中间变径管，其侧面连接着一级分液管，与其连接的直管下部为连接三级分液管的短节和用来调节三级分液管流量的衬四氟蝶阀（4）；2 为变径管，通过该变径管，将两通（3）变到适合的管径；5 为连接三级分液管的三通。

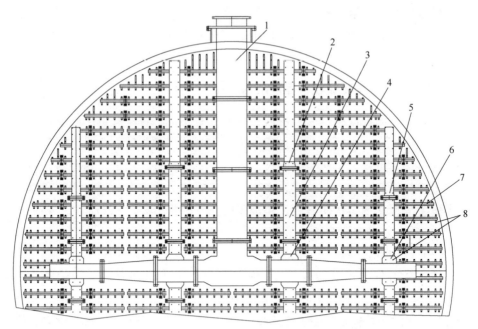

图 1-39   多级变径管式分液器结构的俯视图

1—进液主管；2～6—带变径的三级分液管；7—四级分液管；8—耐酸合金喷嘴

图 1-39 中 1 为由两端带有连接法兰的多节耐酸合金铸铁管水平连接而成的进液主管，位于该分液器的上部，管的一端设有进酸口，管的另一端为三通连接到二级分液主管中部的一级分液管。2～6 为带变径的三级分液管，三级分液管位于二级分液管之下，与二级分液管水平十字交叉，每组分液管由多节两端带连接法兰的耐酸合金铸铁管连接而成，管的两端封死，多节两端带连接法兰的耐酸合金铸铁管其管径不同。7 为四级分液管，该分液管为一端带连接法兰的铸铁管，一端封死，其连接法兰与三级分液管两侧设有的连接法兰相固接，在该分液管的纵向每隔 125mm 处设有一对对称的分液口，在分液口嵌装耐酸合金喷嘴 8 形成分液点，分液点呈正方形均匀分布，分液点间距为 125mm。

（2）设计原理

① 管式分液器内压力的确定。管式分液器各分液点在填料塔填料之上和填料内，为保证分液均匀需让各分液孔等流量分液，因此分液器内必须保证某一稳定的压力值。该值以流过各分液支管端部最后一分液孔的流速等于零为约束条件，能使各分液孔流速一致或近似一致才能使分液均匀程度最佳。应用流体力学的理论而确定，其计算主要依据以下几点。

a．动量平衡方程

$$h_1 - h_2 = K\rho(v_1^2 - v_2^2) \times 10^3 \tag{1-6}$$

式中　h_1——分液孔孔前管内压力，Pa；

　　　h_2——分液孔孔后管内压力，Pa；

　　　v_1——分液孔孔前管内流速，m/s；

　　　v_2——分液孔孔后管内流速，m/s；

　　　K——动量修正系数；

　　　ρ——酸密度，g/cm^3。

b．连续性方程

$$D^2 v_1 = D^2 v_2 + d^2 v_e \tag{1-7}$$

式中　D——分液管内径，m；

　　　d——分液孔孔径，m；

　　　v_e——分液孔孔内流速，m/s。

c．小孔流出方程

$$v_e = C_0 \sqrt{\frac{2}{10^3 \rho} \left(\frac{h_1 + h_2}{2} - h_e \right)} \tag{1-8}$$

式中　C_0——分液孔孔流系数；

　　　h_e——塔内操作压力，Pa。

d．摩擦阻力计算式

$$h_f = \frac{\lambda}{3} \times \frac{L}{D} \times \frac{v_1^2 \rho}{2} \left(\frac{v_2^2}{v_1^2} + \frac{v_2}{v_1} + 1 \right) \times 10^3 \tag{1-9}$$

式中　h_f——压力损失，Pa；

　　　λ——阻力系数。

$$\lambda = \left[\frac{h_s}{D} + \frac{68}{N_{Re}} + \left(90\frac{v_r}{v} \right)^2 \right]^{0.2} \tag{1-10}$$

式中　N_{Re}——雷诺数，$N_{Re} = \dfrac{v\rho D}{\mu}$；

　　　v_r——分液管中物交换速度，$v_r = C_0 Sve$；

　　　S——分液管孔总面积与分液管侧面积之比；

h_s——相对粗糙度。

由于耐酸合金铸铁管粗糙度较高，取 h_s 值在 2 左右，用参数法进行迭代计算，最终确定所需稳定的压力值。在压力值确定之后，就可以通过压力值得出各级分液管流速，进而推出各级分液管的管径。

吸收液在分液主管和分液支管之间流动，随着流量的分配，流速不断降低。由式（1-6）可知 $v_1 > v_2$ 则 $h_1 > h_2$，管路中将发生压力升高现象；因此设计管径为多级变径的形式，尽量使各分液管流速趋于一致，则各分液孔孔前和孔后相应压力降会减小，每个分液孔的流量便趋于相同，从而可使分液均匀。同时由于流体流动产生的摩擦力使得管路中的压力降低，压损会相应增加。经计算，控制压力降与压力升高值趋于一致时，则管式分液器各支管上的分液孔孔径趋于同一直径。

② 分液孔径的确定。分液孔径的确定也是以分液均匀为前提的，在各分液孔孔径一致的情况下，流速一致是分液均匀的最好体现。控制所有分液孔流速在一个固定值而流速又低是不可能的，尤其是在大塔径的干吸塔内。因此只能通过把各分液孔流速提高到一个较高的值来实现各分液孔流速趋于一致。

$$v = \frac{Q}{S_J} \tag{1-11}$$

式中 v——各分液孔的流速，m/s；

Q——各分液孔流量，m^3；

S_J——分液孔截面积，m^2。

由式（1-11）可以得出当各分液孔流量一致时，就能保证各孔流速一致，要想提高流速只能增加流量或减小分液孔孔径，由于受浓酸泵生产技术限制，增大浓酸泵流量不仅设备质量难保证，而且设备成本和运行成本都相应提高。因此只能通过减小孔径来实现。孔径的确定需通过控制分液孔分液总面积与分液主管截面积之比 S 得出，当控制 S 值在 0.75～0.82 时可得到较高的流速。本节设计的管式分液器分液孔孔径控制为 8～8.5mm，并在实际生产中验证了小孔径的实用性。

③ 分液点数的确定。分液点数是塔设计的重要参数，分液点的多少决定了分液均匀度的好坏，分液点多少与液分布均匀度的关系见图 1-40（a），塔内填料高度与酸分布不均匀系数之间的关系见图 1-40（b）。

所谓液分布不均匀系数就是衡量液体沿塔截面分布均匀程度的尺度。从图 1-40（a）中可以看出，单位面积上的分液点越多，分液效果越好，其他结构的分液器受结构上的限制很难提高单位面积上的分液点数，而管式分液器可以在较大程度上提高单位面积上的分液点数，单位面积上高的分液点数可以使分液

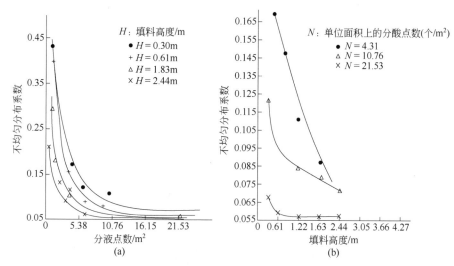

图 1-40　分液点数（a）及填料高度（b）与酸分布不均匀系数之间的关系

更均匀，减少塔内避流、沟流等现象，同时可以减少填料的充装量。

从图 1-40（b）塔内填料高度与酸分布不均匀系数之间的关系可以得出：良好的分酸器可以使塔内分酸均匀，减少塔内避流、沟流等现象，同时可以减少填料的充装量。

④ 分液支管及分液孔的布置方式。分酸支管的布置方式大致有两种形式，一是把分酸主管放置在最下端，所有支管及分酸孔在分酸主管上部，这种方式可以使酸进行二次分布，能得到较均匀的效果，但是该形式需分酸器上部有较大的操作空间，且容易形成酸沫，分酸孔还容易被堵。另一种形式就是分酸支管置于分酸主管之下，各级分酸支管上设有分酸孔，且分酸孔开孔方式向下。金川集团设计的管式分酸器分酸管及分酸孔布置采用的就是该方式。此种形式为防止酸沫夹带出塔，把分酸孔埋在 $\phi25mm$ 填料之下约 500mm，把分酸支管埋入填料内能很好地解决酸沫夹带问题，并保证塔内分酸的均匀度不受气体操作压力的影响。图 1-41 为气体夹带酸沫数量与操作气速间的关系。

从图 1-41 可以看出：将分液支管埋入填料层内，即使操作气速较高，气体带沫量也会显著减少。为防止喷头被堵，在泵入口处设置了过滤器，防止填料碎渣通过泵进入分液器内。

分液点呈正方形方式分布，结构见图 1-42。该种分布方式可以较好地避免塔内存在分液圆缺死角。

另外，在无法形成正方形的位置，通过加长或缩短分酸支管的方式来解决，使其形成圆形，见图 1-43。

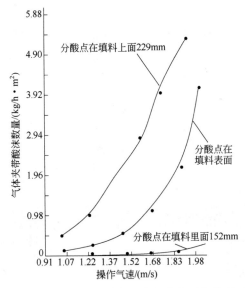

图 1-41 气体夹带酸沫数量与操作气速间的关系

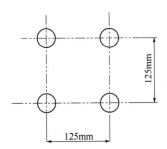

图 1-42 分酸孔分布方式

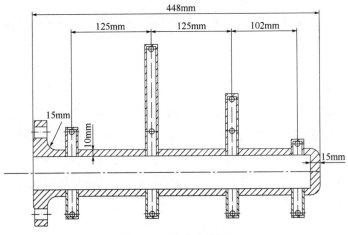

图 1-43 分酸支管图

通过各分液支管上分布的分酸点的多少，来确定每段支管所承担的总流量，然后通过连续性方程即式（1-7）取一个固定的支管流速，计算出各段支管的管径，这是多级变径的设计依据。通过该计算得出的管径与通过式(1-6)～(1-10)所算出的管径进行结合比较即可得出一个较合理的管径缩放程度与分布方式。

在主支管上加装调节装置——衬四氟蝶阀（孔板），因此设计时在主支管上加装了四个衬四氟蝶阀（孔板）。当管式分液器安装到塔上时，可通过调节四个蝶阀（孔板）来控制吸收液在各支管间的分布，达到分液均匀的目的。

2．大型气液分离器的开发

为减少风机负荷，提高吸收效果，在风机前端加装气液分离器，其内部设有两层 SD-B 型捕沫装置和一层丝网捕沫器，用于除去微米级的液滴，气体分离效果较为理想。捕沫装置上方配置一层冲洗装置，能有效清除捕沫装置捕集的烟气粉尘或杂质，保证设备的正常运行。在正常运行期间，如果吸收气体气液分离器压降明显增高，则启动冲洗装置对捕沫装置进行清洗。

（1）旋流切向进气方式的创新设计

气液分离器的进气结构决定了塔内气体的初始分布效果，进而影响塔内气体的流动分布情况。传统气液分离器采用塔侧直管进气，塔径越大，气体分布均匀程度越差。一方面是雾沫夹带着大量的液滴占据了部分气体流动空间，使气体的区域分布不均匀；另一方面是气液界面之间的作用力加大了气体局部的速度梯度，两者的共同作用使得气液混合进料的不均匀度比单相进料时更大。

由于柠檬酸钠吸收解析系统的气液分离器入塔流体流量为 $1.8×10^5 m^3/h$，气体操作速度为 2.4m/s，气体的停留时间短，因此研究的重点在塔侧切向进气的方式上，进行了结构形式创新，开发了一种旋流切向进气方式（图1-44），改变进气流向，使气体旋转上升，可将气体中夹带的大颗粒液滴初步分离。

图1-44　旋流切向进气方式示意图

（2）多级折流板的设计开发

气液分离器内部设有折流板（图1-45），使旋转的气体与挡板碰撞，再次分离出部分液滴，上部有二层折流板，将气体中细小颗粒进一步分离。

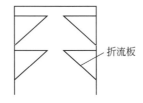

折流板

图1-45　多级折流板正视图

（四）应用效果

该技术在某系统转炉非正常排空烟气治理项目中成功应用，处理气量最大为 $1.8 \times 10^5 m^3/h$，烟气浓度为 0~1.5%，非正常外排二氧化硫冶炼烟气得到了有效治理，主要技术经济指标见表1-9。

表 1-9　主要技术经济指标表

顺序	指标名称	单位	数量	备注
1	处理烟气量	$\times 10^4 m^3/h$	18	
2	年回收硫酸量	t/a	30310	
3	一次吸收率	%	≥93	
4	二次吸收率	%	≥98	
5	解析率	%	≥40	
6	硫利用率	%	≥93	
7	尾气 SO_2 浓度	mg/m³	≤400	全时达标

三、复杂烟气低耗能活性焦脱硫技术

部分冶金炉窑的入炉物料的成分复杂，具有较高的水分，因此外排烟气成分复杂，为高温、高含尘、高含水、高含氧低浓度烟气。此部分烟气来源稳定，SO_2 浓度在 0.5%~0.55%这一较小范围内波动，烟气温度、含尘、含水等条件变化范围也非常小。结合低浓度复杂烟气质量特征，本小节创新应用了低耗能活性焦脱硫技术，通过对复杂烟气条件下活性焦脱硫性能进行研究，开发了烟气条件优化控制技术，研发了两段式高效能解析塔，避免了复杂烟气成分对活性焦脱硫性能的干扰，解决了活性焦脱硫工艺能耗高的技术瓶颈，实现了复杂烟气达标经济治理。

（一）活性焦脱硫技术

活性焦烟气脱硫是一种可资源化的干法烟气净化技术。该技术利用具有独特吸附性能的活性焦对烟气中的 SO_2 进行选择性吸附，吸附态的 SO_2 在烟气中氧气和水蒸气存在的条件下被氧化为 H_2SO_4 并被储存在活性焦孔隙内；同时活性焦吸附层相当于高效颗粒层过滤器，在惯性碰撞和拦截效应作用下，烟气中的大部分粉尘颗粒在床层内部不同部位被捕集，完成烟气脱硫除尘净化。

吸附 SO_2 后的活性焦，在加热情况下，其所吸附的 H_2SO_4 与 C（活性焦）反应被还原为 SO_2，同时活性焦恢复吸附性能，循环使用；活性焦的加热再生反应相当于对活性焦进行再次活化，活性焦的吸附和催化活性不但不会降低，还会有一定程度的提高。

活性焦脱硫工艺流程如图 1-46 所示。烟气脱硫系统主要由吸附脱硫装置、解吸再生装置、循环输送系统和副产品加工系统等组成。

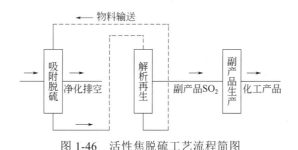

图 1-46　活性焦脱硫工艺流程简图

（二）复杂烟气条件下活性焦脱硫性能研究

1. 烟气温度

活性焦作为一种具有高效脱硫性能的脱硫剂，对烟气温度具有严格的要求，烟气温度直接影响到脱硫效率（图 1-47），同时也是脱硫装置安全运行的保障。

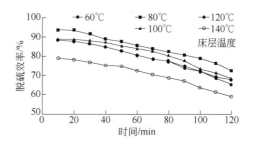

图 1-47　烟气温度对脱硫效率的影响

随着吸附时间的增加，活性焦对 SO_2 的脱除效率逐渐减小，这主要是因为活性焦的吸附能力有限，随着吸附的进行，活性焦表面的活性吸附位逐渐被产生的 H_2SO_4 占据，从而导致活性焦的吸附效率降低。

床层温度对活性焦脱硫效率及硫容都有很大影响（图 1-48），两者的变化基本保持一致，随着床层温度的增加，都呈现先增加后下降的趋势。因为活性焦吸附 SO_2 过程包含物理吸附和化学吸附，温度高时有利于化学吸附，但物理吸附量减少，从而使得 SO_2 转化成 H_2SO_4 的量下降，不利于脱除烟气中的 SO_2。温度过高时，活性焦表面的水分蒸发较快，高活性位的碳被烟气中氧气氧化，从而降低了脱硫效率和硫容。温度过低，烟气中的水蒸气容易凝结，附着在活性焦表面，阻碍了气体向活性焦内部的扩散，凝结的水也有可能占据活性焦中的活性位，从而导致脱硫效率和硫容的降低。当床层温度为 80℃ 时，脱硫效率和硫容都比较大，分别达到 93.7% 和 4.9%。

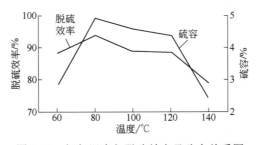

图 1-48　烟气温度与脱硫效率及硫容关系图

2. 烟气水分

活性焦在脱硫过程中需要一定量的水分，用于形成吸附态的 H_2SO_4 分子，但是烟气中含水量也会间接影响到脱硫效率。水分子会占据活性焦表面的吸附位，使 SO_2 分子无法进入活性焦的吸附位，影响脱硫效率。并且过量的水分进入脱硫塔的床层，由于脱硫塔内床层移动速度慢，在长时间运转过程中，与高温烟气及烟气中重金属颗粒物发生黏结、抱团现象，造成脱硫塔内活性焦物料的结块现象，在脱硫塔壁形成大面积黏结，影响物料系统正常运转，因此烟气中水分的控制关系到系统的正常运行。不同吸附时间下水蒸气浓度对活性焦脱硫效率的影响见图 1-49。

水蒸气浓度对活性焦脱硫效率和硫容的影响见图 1-50。从图中可以看出，水蒸气的添加与否对活性焦脱硫效率有显著影响，当水蒸气体积分数小于 12% 时，水蒸气浓度对活性焦脱硫效率和硫容的影响都随着水蒸气浓度的增加而增加。当水蒸气体积分数高于 12% 时，活性焦脱硫效率和硫容都出现下降趋势，且下降幅度明显，这表明水蒸气浓度过高会使活性焦表面 SO_2 的催化氧化受到

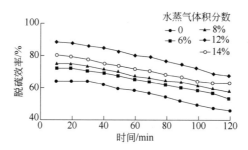

图 1-49 不同吸附时间下水蒸气浓度对活性焦脱硫效率的影响

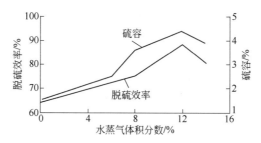

图 1-50 水蒸气浓度对活性焦脱硫效率和硫容的影响

抑制。水蒸气能显著提高活性焦脱硫效率和硫容。当水蒸气浓度较低时，活性焦表面水分少，不利于 SO_2 的吸附，同时产生的 H_2SO_4 得不到稀释，一直占据着活性焦表面的活性位，使得 SO_2 的催化氧化能力降低；过高的水蒸气浓度会在活性焦表面形成大量的水膜，使气体的传质阻力增大，烟气不能很好地与活性焦表面接触，进而使活性焦脱硫效率和硫容都降低。

3. 烟气含氧量

活性焦的吸附过程可看作是催化氧化的过程，而氧气作为一种推动力促使活性焦完成吸附 SO_2 的过程，当氧气含量过低时，推动力自然会下降。

氧气浓度对活性焦脱硫效率的影响（图 1-51）不及床层温度明显，但对硫容的影响比较大。随着氧气浓度的增加，活性焦脱硫效率和硫容都是先增加后下降（图 1-52）。

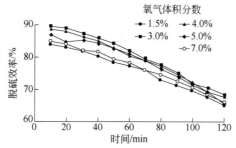

图 1-51 不同吸附时间下氧气浓度对活性焦脱硫效率的影响

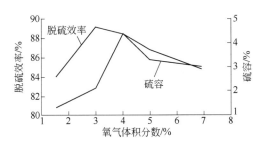

图 1-52　氧气浓度对活性焦脱硫效率和硫容的影响

氧气浓度过低时，氧气在活性焦表面附着的推动力较低，活性焦表面吸附氧气较少，从而使 SO_2 的催化氧化受到限制，最终导致活性焦脱硫效率和硫容降低。但氧气浓度过高会占据活性焦表面的活性位，活性焦吸附的 SO_2 有限，从而使活性焦脱硫效率和硫容降低。实验结果表明，当氧气体积分数在 3.0%~4.0% 时，活性焦脱硫效率和硫容均较高。

（三）烟气条件优化控制技术

通过以上的理论分析过程，活性焦的脱硫效率与烟气温度、含水量、氧含量三个参数具有密切的联系，对目前冶炼烟气进行综合分析，制定出可行的烟气条件控制方案。

1. 烟气条件分析

对某炉窑烟气温度进行数据统计，最高温度达到 270℃，温度最低为 162℃，平均值为 240℃，远超过脱硫过程中温度区间（见图 1-53）。

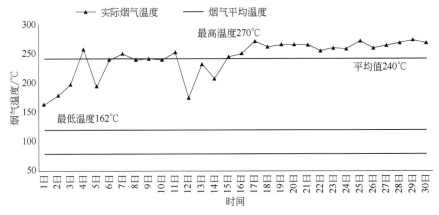

图 1-53　烟气温度变化趋势图

由于反射炉烟气温度较高，烟气经前端余热锅炉、空气换热器降温后进入电收尘器，电收尘器出口的烟气温度为 320~340℃，且烟气中含水较少，因此在进入脱硫塔前对烟气进行喷雾降温，同时增加烟气中的湿度。进入脱硫系统的温度不能超过 120℃，温度过高会破坏活性焦颗粒的活性，从而影响整个的脱硫效果，同时也是为了防止安全隐患，进入脱硫塔的温度过高会造成活性焦层局部蓄热，因此进塔温度是脱硫系统运行中一个关键的参数。

2．喷雾降温技术

（1）喷枪的工作原理

喷枪在工作时，需要同时提供一定压力的压缩空气和一定压力的水，在喷嘴的内部，压缩空气与水经过若干次的打击，产生非常细小的颗粒。当被雾化后的细小颗粒与高温烟气混合后，在短时间内迅速蒸发，带走热量。

雾化颗粒非常细小，平均直径为 40～80μm，确保 100%蒸发，避免湿底现象发生。

（2）喷枪设计及配置

本次设计中采用喷雾冷却的方式达到了增湿和降温的效果。由于待处理烟气量变化较大，为了尽量在烟道内不产生废水，需要喷枪喷水量能够根据烟气量变化自动调节，故根据不同阶段烟气量所需降温水量不同，设计时采取六支双流质喷枪，分三组，每组可单独控制（图 1-54）。根据现场运行经验，烟气喷水降温在 120℃之前几乎不会产生废水，故本工程喷水降温控制在 120℃。

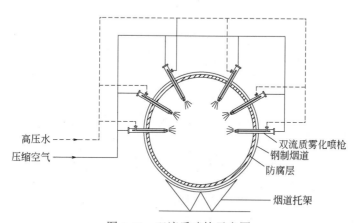

图 1-54　双流质喷枪示意图

为了进一步降低烟气进脱硫塔时的温度，在进塔前烟道上配少量空气，保证进塔烟气温度不高于 110℃。考虑烟道内可能产生冷凝水，烟道设计时采用坡度，在最低点设计导淋管，将冷凝水导入酸槽中，酸槽材质用玻璃钢，通过酸泵送至废水处理设施中。

（3）应用的效果

反射炉烟气逐步进入脱硫系统时，随着烟气温度的升高，喷雾冷却装置自动进行开启，同时通过设定温度的跟踪值，装置自动对水压及水量进行调整，根据现场的实际工况，找到温度跟踪的相应数值，确保烟气温度、湿度达到实际生产的要求。

由于待处理烟气量变化较大，需要喷枪的喷水量能够根据烟气量变化自动调节，因此不同温度阶段烟气量所需降温水量不同，在实际运行过程中，存在以下主要问题：

① 在烟道内不可避免地会产生部分废水，需要定期排放。

② 喷水量与烟气温度联锁具有一定滞后性。

③ 喷淋降温段烟气管道直径过大，降温不均匀。

④ 喷枪在高温环境下易烧损，检修更换频次高。

⑤ 喷淋过程中过量的凝结水占据活性焦中的活性位，造成活性焦脱硫性能下降。

（4）两级空气强制对流降温技术

根据烟气测试数据和理论依据，烟气条件中水分和含氧量能够满足脱硫需求，此时喷淋段喷入的水分是过量的，影响系统的正常运行。因此，配合喷雾降温技术，开发了两级空气强制对流降温技术（图1-55）作为烟气降温的补充措施。

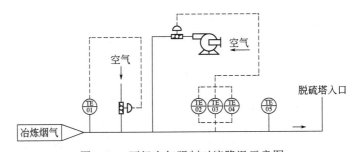

图 1-55　两级空气强制对流降温示意图

脱硫塔入口增加一个补气阀门，阀门的开度与温度 TE01 联锁，对烟气进行一级降温；由于烟气管道直径过大，因此在后续的烟气管道上环形安装 3 个测点，即 TE02、TE03、TE04，三个温度测点的平均值与补气风机出口阀门的开度进行联锁，对烟气进行强制二级降温，同时将 TE05 作为脱硫塔入口最终参考温度，实际运行中，为了保证脱硫塔内床层温度在 80～120℃，将入口 TE05 温度严格控制在 120℃以下。通过改造后，不但减少了系统的带水量，同时对反射炉出现的高浓度峰值进行缓冲和稀释。

空气强制降温过程中烟气温度变化趋势图见图 1-56。从趋势图中可以看出，90%以上的温度点都落在脱硫最佳温度区间 80～120℃的范围之内，因此采用空气强制降温的方法是行之有效的。

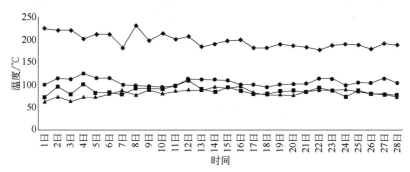

图 1-56　空气强制降温过程中烟气温度变化趋势图
——◆—— 床层温度上限；——■—— 脱硫塔入口烟气温度；——▲—— 床层温度下限；——●—— 烟气温度

同时由于烟气中含水量明显降低，减少了活性焦在脱硫塔内结块的现象，同时通过对脱硫塔入口温度进行精准控制，避免了活性焦在塔内蓄热等现象。

（四）两段式解析塔研发

1. 两段式换热再生塔结构（图 1-57）

再生塔可看作为列管式换热器，活性焦在再生塔内自上而下靠重力在壳程内流动，而换热介质氮气在管程内流动。再生塔内主要分为两段，上部为加热段，活性焦自上而下温度逐渐升高，下部为冷却段，活性焦自上而下，温度逐渐降低。加热段主要依靠电加热器进行升温，冷却段主要依靠水冷换热器进行降温。

（1）加热段

活性焦在加热段被高温氮气由 100℃左右加热到 400℃，同时高温氮气被冷却，冷却后的中温氮气通过换热高温风机送入一级冷却段预冷活性焦；活性焦在一级冷却段从 400℃被冷却至 270℃，中温氮气被加热，送入电加热器加热至 515℃，高温氮气进入加热段加热活性焦。氮气在加热段、换热高温风机、一级冷却段、电加热器内闭路循环。

（2）冷却段

活性焦在冷却段内从 270℃被冷却至 120℃，低温氮气从 50℃被加热，冷却段与换热低温风机之间的氮气管路上设置一台水冷换热器，采用冷却水与冷却段出来的氮气换热，维持送入再生塔冷却段的氮气温度恒定（50℃左右），提高再生塔冷却效果。氮气在冷却段、换热低温风机、水冷换热器内闭路循环。

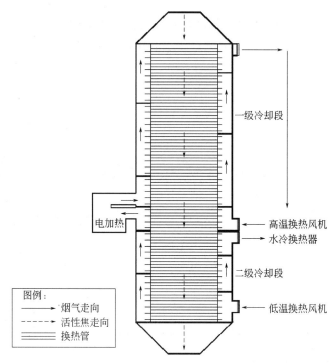

图 1-57　两段式再生塔结构示意图

再生塔换热氮气系统设置两个循环,提高了再生系统操作性,降低了电加热器的负荷余量。氮气循环过程中的泄漏损失由氮气管网补充。

2．两段式再生塔温度控制技术

（1）再生塔循环速度控制

活性焦具有可燃性的特点,燃点在 400℃以上,因此选用外加热方式,利用电炉先将惰性气体氮气进行加热,此时电炉热量传递给氮气是一个热辐射的过程。经过加热后的氮气进入再生塔的管程,首先经历的是一个热传导的过程,将高温氮气的热量传递给鳍片换热管,此时高温氮气在管程内高速地流动。而活性焦在再生塔的壳程内依靠重力自上而下地流动,和换热管内的高温氮气形成对流,从而对活性焦进行了加热。由于活性焦颗粒在再生塔内流动速度较慢,此时活性焦固体颗粒之间存在热传导,但在此状态下的热传导较对流方式热量传递较慢,活性焦的降温过程与升温的传热过程一致。因此综上所述,对再生塔活性焦加热和冷却的过程中,同时存在热传导、热对流、热辐射三种传热方式。

活性焦颗粒自上而下靠重力进行流动,依次经过高温段和低温段,在高温段完成活性焦的加热解析,在低温段完成对活性焦的降温冷却。实际运行过程中通过调整再生塔底部的卸料器控制再生塔底部的温度，如果活性焦在底部停留时间过长，低温氮气不停地进行降温，会使底部温度降得过低，在脱硫塔内引起活性焦性能的下降；但是当活性焦停留时间过短时，没有起到降温效果，导致再生塔底部活性焦超温。因此，正常运行过程中将再生塔底部温度控制在90~120℃之间，既保证了冷却效果，又实现了活性焦高效的脱硫性能。

（2）再生塔负压控制技术

再生塔中部为负压腔，加热过程中产生的高温解析气在负压状态下由系统再生风机送至制酸系统，系统的负压由再生系统风机、制酸系统管道负压共同提供，在高温解析气输送过程中，塔内的热量也随着烟气进入后续解析气管道，由此实现塔内热量平衡。

再生塔中部负压控制为运行过程中的关键参数，随着解析温度的上升，活性焦内部的水分首先被蒸发，此时有少量 SO_2 解析。当达到解析温度后，活性焦内部 SO_2 完全解析，此时需要将解析出的高浓度 SO_2 及时进行输送，一方面使解析后的活性焦恢复活性，另一方面使系统内热量平衡。如果负压控制不稳定，将会对再生系统造成严重后果。负压过小时，烟气和热量无法移出再生塔，使活性焦自身活性下降，从而影响脱硫效率，热量在塔内聚集，造成塔内压力过大，严重时会出现塔体变形的后果。负压控制过大时，打破了系统原有的热量平衡，需要向系统提供热量，增加电加热器的投入时间，由此增加能耗，同时负压控制过大会将小颗粒的活性焦粉末抽入后续管道，严重时堵塞整条管道。

原有四台再生塔为并联方式，通过风机调整控制中部负压，调整一台再生塔的负压会引起其他再生塔负压变化，操作难度大，负压难以精确控制。创新性地将再生塔管路进行优化（见图 1-58），采用两台再生塔并联方式，分别设置电动蝶阀，在出口设置压力测点，根据压力值自动调节中部负压，同时在管路中增加压力测点，并将四台再生塔压力平均值作为调整的重要依据，实现多变量调整转变为单变量调整过程。

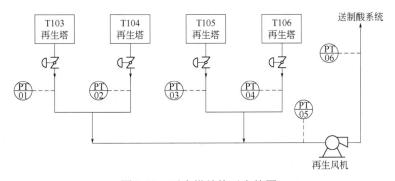

图 1-58 再生塔结构示意简图

　　为四台再生塔分别设置了电动调节蝶阀和负压测点，PT01、PT02、PT03、PT04 分别对再生塔中部负压进行监控，PT05 为四个压力的平均值，PT06 为输送管网的压力。正常调节时，参考 PT06 压力点的数值，调整风机变频使 PT05 的数值稳定在-200Pa 左右，观察四台再生塔中部负压变化，对各自的负压进行微调，使每台再生塔的压力保证在-200～-50Pa 之间。再生塔中部负压监测数据表见表 1-10。

表 1-10　再生塔中部负压监测数据表

序号	最大值/Pa	最小值/Pa	控制范围
1	-156	-86	
2	-168	-78	
3	-153	-89	
4	-177	-85	
5	-189	-94	
6	-188	-105	
7	-159	-88	
8	-185	-75	（-200～-50Pa）
9	-189	-68	
10	-178	-99	
11	-187	-85	
12	-201	-108	
13	-189	-96	
14	-187	-101	
15	-154	-75	

　　根据再生塔数据表和对应的趋势图可以看出，通过负压分段控制技术后，再生塔负压能够保证在规定的区间范围之内，保证再生解析气的正常输送，同时使系统内热量平衡。

（五）低耗能模块式解析技术

1. 加热装置模块式设计

　　活性焦脱硫运行中主要能耗在于活性焦解析过程中的电耗，电耗约占到整个成本的 50%。解析塔中的加热装置主要为电加热器，单台电加热器的功率最高可达到 500kW 以上，将此电加热器通过设置，分成独立的 6～8 个加热单元，将原本大功率的电加热器分成若干个小功率加热单元，在升温过程中仅需依次开启加热单元即可，通常情况下在升温的阶段，加热初期由于活性焦循环过程中温度低，加热速度较慢，根据温度上升的趋势，需要不断增加电加热单元的数量，直到温度达到解析温度，通常开启 3～6 组电加热单元即可达到活性焦解析所需的温度（300℃以上）。加热装置进行模块式设计后，使整个加热过程温度上升较为平稳，减少了热量损失。

当再生塔温度加热至解析温度后，由于换热氮气在再生塔内闭路循环，且再生塔塔体进行保温，热量散失少，此时将加热单元中的2～3组加热单元与温度设置相应的联锁，当温度高于或低于设定值时，电加热单元自动进行启停的操作，避免了再生塔解析温度出现超温或温度过低的现象，使加热过程中的电耗最大限度地利用，不会出现无功损耗，从而降低了解析过程的电耗。

2. 阶梯式升温降温设计

由于再生塔塔体本身为换热器结构，在升温和降温过程中操作不当会造成塔体局部变形、拉裂等事故，因此在开停车过程中遵循缓慢升温和降温的原则，根据实际运行经验绘制了升温和降温曲线图（图1-59、图1-60）。

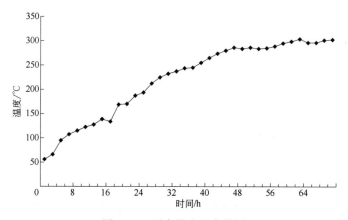

图 1-59　再生塔升温曲线图

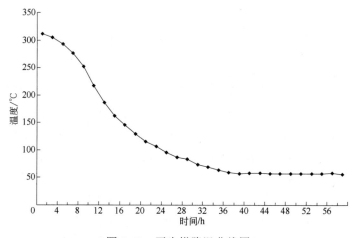

图 1-60　再生塔降温曲线图

从升温曲线图中可以看出，升温初期，温度上升速率较快；随着温度逐渐升高，升温速率随之降低。正常生产时，将再生塔中部温度升至300℃以上时，需70h。

从降温曲线图中可以看出，降温初期，温度下降速率较快；随着温度逐渐降低，降温越来越缓慢。将再生塔中部温度由300℃降至60℃左右，需时约48h，为了保证充分降温，当温度降至60℃以下时，继续运行12h温度没有明显变化，方可停止物料循环。

再生塔在升温和降温过程中，难免会造成塔体的膨胀，因此通过减缓升温或降温速率可最大限度缓解再生塔的膨胀和收缩，但如果操作不当，仍然会引起塔体结构的损坏。因此为了更好地解决膨胀的问题，塔体四周采用螺栓连接的方式，再生塔四面增加了半圆不锈钢膨胀节，分别于两块相邻的塔壁上，实现塔体的伸缩，以缓解升温或降温过程中的膨胀力。

3. 匹配化解析技术

活性焦脱硫系统中吸附饱和的活性焦通过输送设备进入再生塔进行加热解析，解析合格后的活性焦继续进入脱硫塔进行吸附，在此过程中，活性焦在系统中连续地运转，即连续地脱硫吸附和再生解析。活性焦的吸附是逐渐饱和的过程，按照一定的循环速度，如果循环量和解析量存在不匹配现象时，脱硫塔内活性焦未完全吸附饱和，就进入解析系统进行解析，此时会造成同等温度下解析过量，必然会导致再生系统过度解析，增加加热过程中电耗的损失。再生气监测数据表见表1-11。

表1-11 再生气监测数据表

序号	烟气量/(m³/h)	SO₂浓度/%	含水量/(g/m³)	含尘量/(mg/m³)	解析温度/℃
1	1450	3.8	26.19	10.8	352
2	1865	4.6	28.60	8.5	343
3	1635	5.2	24.56	7.8	350
4	1850	4.7	24.63	5.6	360
5	1450	4.2	22.03	10.2	345

从加热解析出的再生气浓度可以看出，虽然达到了解析温度，但是再生气的浓度未到要求的10%左右，因此解析过程中存在过度解析的现象。

在烟气吸附过程中，脱硫塔入口的温度通常不超过120℃，因此在运行过程中将脱硫塔的温度靠近上线运行，即塔内焦层的主体温度控制在110℃左右，同时调整收尘过程的负压条件，将系统漏风的区域进行封闭，减少物料在循环过程中热量的损失；针对再生过程中，排料温度不能超过130℃，因此在降温过程中通过加快再生塔底部的物料循环，将再生塔排料温度控制在120℃以下。

通过提高两个温度的指标，使物料循环过程的整体温度上升，从而进一步降低再生过程中的加热负荷，在此运行状态下，需要重点关注脱硫塔和再生塔焦层的温度，防止出现超温现象。

间断式解析：对脱硫塔内活性焦进行连续的吸附，根据尾气中 SO_2 浓度判断活性焦是否吸附饱和，当活性焦完全吸附饱和时，再开启再生系统进行解析。由此减少再生解析开车时间，降低了解析过程中的电耗。

连续解析：将原本四台再生塔中其中两台进行孤立，即采用一台脱硫塔对应两台解析塔运行，减少两台再生塔的运行，由此减少了两台再生塔的运行，降低系统运行电耗。

（六）应用效果

本技术成果在某系统镍反射炉复杂低浓度 SO_2 烟气治理项目中成功应用，设计总处理烟气量 $2.0 \times 10^5 m^3/h$，进口 SO_2 浓度最高 $14286mg/m^3$。通过烟气条件控制技术，使脱硫塔温度精确控制，解决了活性焦超热结块难题；再生塔低能耗模块式解析技术的应用，解决了活性焦系统能耗高的问题，实现了系统稳定、连续、经济运行。

第二章　清洁生产 02

　　清洁生产作为污染预防的环境战略，是对传统的末端治理手段的根本变革，是污染防治的最佳模式。结合铜、镍冶炼与制酸系统匹配化运行过程中资源与废物一体化综合治理需求，按照从源头与末端两级治理利用的思路，围绕污染物减量、清洁化运行、废物回收利用等方面，开展了一系列工艺技术创新攻关，在实现改善环境状况的同时，降低了生产过程能耗、物耗等运行成本，形成了社会效益与经济效益最大化的一种生产运行模式。

　　本章以制酸系统源头及末端两端治理为主线，围绕冶金炉窑与制酸系统匹配化高效运行、制酸系统高效除杂与尾气综合化治理的研究方向，研发了多炉窑烟气联动混配治理、净化高效除杂等一系列技术创新成果，在满足上下游经济、环保、高效运行的同时，提升了资源一体化综合利用效率，实现了全流程、全过程的清洁生产。

第一节　烟气源头清洁化治理

　　铜、镍、铅、锌等有色冶炼工业，在硫化物氧化熔炼过程中，必然产生大量含有 SO_2 的烟气，因熔炼炉型不同，烟气的构成和治理方式不同，多台炉窑共生运行、间断生产、分散布局等特点造成部分烟气未得到有效治理；且复杂烟气的治理会对制酸系统的净化工序提出更高的要求，否则会造成后续工序的烟气指标无法保障，导致制酸系统整体运行成本过高，环保治理逐步后移，难度不断增加。

　　因此，源头烟气的综合经济治理、烟尘的去除、酸水的减量化治理成为制酸过程中经济环保生产的首要管控过程。本章节以遵循各炉窑排烟规律为前提，针对多炉窑复杂的高低浓度烟气，在冶炼和烟气治理装置间建立烟气混合配置网络体系，采用先进、科学、操控性强的配送技术，满足冶炼系统与制酸系统的匹配化运行；针对酸水排放量大的特点，采用高效沉降设备，提高尘的富集和去除效率，在烟气洁净化治理的前提下，减少酸水排放量，降低治理难度和成本。

一、多炉窑烟气的联动混配治理

无论何种炉窑，均设置有排烟系统，通过排烟机经收尘器—余热锅炉—炉体排烟，将烟气排出，送往排放治理系统或制酸系统。排烟系统的基本要求有三个方面：一是炉膛压力维持微负压状态；二是余热锅炉收尘系统必须畅通；三是排烟系统必须充分密封保温，将漏风率和降温幅度控制在允许范围内。

烟气制酸系统的烟气需要充分考虑烟气中的水、热及氧平衡。即烟气中带入的水量不能超过实际反应所需水量（硫酸以 100%计算），且确保转化过程的热平衡和反应平衡。此外，由于冶炼系统与制酸系统一般相距较远，必须考虑烟气远距离输送中的热损失，保证烟气到制酸净化系统的温度不能低于三氧化硫的露点，避免管道中冷凝酸的形成及腐蚀。

因此，冶炼烟气用来生产硫酸时，要确保烟气压力、浓度和温度在合适范围，才能保证制酸系统的正常运行。实际生产中，单转单吸生产工艺需保证二氧化硫浓度不低于 2.7%，双转双吸工艺需保证二氧化硫浓度不低于 6.5%；烟气进制酸净化系统的温度一般在 200℃左右；压力控制-100Pa 微负压。

由以上条件可见，众多冶炼炉窑所排放的烟气中，并非均能直接形成"一对一"配置或者直接进行制酸，二氧化硫浓度高低差异较大，许多无法直接用于制酸的烟气，必须通过配气系统的建立，满足制酸系统烟气的要求，方可实现烟气的连续化、产品化、清洁化、经济回收治理。

（一）核心混气室

1. 混气室理论研究

各种高低浓度的烟气要有效利用，首要是通过混合适当比例的烟气，使之达到可制酸的要求。为此，通过各规格烟道输送的烟气需要一个集中动态混合的地方。混气室的作用就是实现这一目的。

混气室烟气受冶炼各炉窑排烟机驱使流动，可视作热可膨胀性理想气体。烟气运动满足如下假设：第一，其流动速度远低于音速；第二，流场中的温度和密度变化不大；第三，流场中的压力变化较大。因而烟气流动的控制方程适合采用低马赫数形式的三维非稳态 Navier-Stokes 方程的近似形式：

质量守恒方程：

$$\frac{\partial \rho}{\partial t} + \frac{\partial(\rho \mu_j)}{\partial x_j} = 0 \qquad (2\text{-}1)$$

动量守恒方程：

$$\rho\left(\frac{\partial \mu_i}{\partial t} + \mu_j \frac{\partial \mu_i}{\partial x_j}\right) = -\frac{\partial p}{\partial x_i} + \frac{\partial}{\partial x_j}\left\{\mu\left(\frac{\partial \mu_i}{\partial x_j} + \frac{\partial \mu_j}{\partial x_i}\right)\right\} + \rho g \delta_{i3} + \nabla \tau \qquad (2\text{-}2)$$

能量守恒方程：

$$\frac{\partial \rho h}{\partial t} + \frac{\partial(\rho \mu_i h)}{\partial x_j} = \frac{Dp}{Dt} + \frac{\partial}{\partial x_j}\left(\kappa \frac{\partial T}{\partial x_j}\right) + Q \qquad (2\text{-}3)$$

气体状态方程：

$$p_0 = \rho RT \qquad (2\text{-}4)$$

按照湍流的涡旋学说，湍流的脉动与混合主要是由大尺度的涡造成的。大尺度的涡通过相互作用把能量传递给小尺度的涡；小尺度的涡主要作用是消耗能量，它们几乎是各向同性的。大涡模拟的基本思想是在流场的可分解的大尺度结构和不可分解的小尺度结构之间选择一滤波宽度对控制方程进行过滤操作，控制方程中的所有变量分成大尺度量和小尺度量。对大尺度量直接进行数值模拟。由于小尺度结构具有各向同性的特点，对小尺度量采用统一的亚格子模型进行模式假定。

设 $\phi(x_i,t)$ 是流场中任意物理量，采用如下积分式实现滤波：

$$\overline{\phi}(x_i,t) = \int_V G(x-x')\phi(x',t)\mathrm{d}x' \qquad (2\text{-}5)$$

式中，$G(x-x')$ 是特征长度为 Δi 的滤波函数，积分域 V 为全流场。对于三维空间 $G=G_1G_2G_3$，本文中采用盒式滤波器，其滤波函数为：

$$G(x_i) = \begin{cases} \dfrac{1}{\Delta i}, & |x_i| \leqslant \dfrac{\Delta i}{2} \\[2mm] 0, & |x_i| \geqslant \dfrac{\Delta i}{2} \end{cases} \qquad (2\text{-}6)$$

式中，$\Delta i(\Delta x \Delta y \Delta z)1/3$ 是滤波器的滤波宽度，小于此滤波宽度的小尺度脉动则被过滤掉。将滤波操作应用于上述各守恒方程中的各项，方程中的各独立变量分解成流场可分辨的大尺度分量和相应的亚格子尺度分量之和：

$$\phi(x_i,t) = \overline{\phi}(x_i,t) + \phi'(x_i,t) \qquad (2\text{-}7)$$

经过滤波处理的低马赫数可压缩流的控制方程为：

$$\frac{\partial \overline{\rho}}{\partial t} + \frac{\partial}{\partial x_j}\left(\rho \overline{\mu}_j\right) = 0 \qquad (2\text{-}8)$$

$$\frac{\partial \rho \overline{\mu}}{\partial t} + \frac{\partial \left(\rho \overline{\mu}_i \overline{\mu}_j\right)}{\partial x_j} = -\frac{\partial \overline{p}}{\partial x_i} + \frac{\partial \mu}{\partial x_j}\left(\frac{\partial \overline{\mu}_i}{\partial x_j} + \frac{\partial \overline{\mu}_j}{\partial x_i}\right) + \overline{\rho} g \delta_{i3} - \frac{\partial \overline{\tau}_{ij,SGS}}{\partial x_j} \qquad (2\text{-}9)$$

$$\frac{\partial \rho \overline{h}}{\partial t} + \frac{\partial \left(\rho \overline{\mu}_i \overline{h}\right)}{\partial x_j} = \frac{D\overline{p}}{Dt} + \frac{\partial}{\partial x_j}\left(K \frac{\partial \overline{T}}{\partial x_j}\right) + \overline{Q} - \frac{\partial \overline{h}_{j,SGS}}{\partial x_j} \qquad (2\text{-}10)$$

$$\overline{p}_0 = \overline{\rho} R \overline{T} \qquad (2\text{-}11)$$

经过滤波处理后，控制气体混合的大尺度涡旋在可分辨的尺度下直接进行求解，在计算网格上不可分解的尺度的运动则用亚格子模式表示。

在上述方程中，$\tau_{ij,SGS} = \overline{\rho}(\overline{u_i u_j} - \overline{u}_i \overline{u}_j)$ 为亚格子雷诺应力，$\overline{h}_{j,SGS} = -\overline{\rho}(\overline{h u_j} - \overline{h} \overline{u}_j)$ 为亚格子紊流热流量。为了闭合控制方程组，使用 Smagorinsky 涡黏性亚格子尺度模型对亚格子雷诺应力和紊流热流量进行模拟：

$$\overline{\tau}_{ij,SG} - \frac{1}{3}\overline{\tau}_{kk}\delta_{ij} = -2\overline{\rho}(C_s)^2 \Delta^2 |\overline{SS}_{ij}| \qquad (2\text{-}12)$$

$$\overline{h}_{j,SGS} = -\frac{\overline{\rho}(C_s)^2}{\mathrm{Pr}_t}\Delta^2 |\overline{S}| \frac{\partial h}{\partial x_j} \qquad (2\text{-}13)$$

其中：
$$|\overline{S}| = (2\overline{S}_{ij}\overline{S}_{ij})^{1/2}, \quad \overline{S}_{ij} = \frac{1}{2}\left(\frac{\partial \overline{\mu}_i}{\partial x_j} + \frac{\partial \overline{\mu}_j}{\partial \overline{x}_i}\right) \qquad (2\text{-}14)$$

式中　C_s——Smagorinsky 常数；

　　　Pr——紊流普朗特数。

通过混气室，一是使高、低 SO_2 浓度的烟气充分地混合，成为 SO_2 浓度的调配点；二是有效地缓解各系统压力波动对整个系统的影响，成为压力平衡点；三是为网络控制系统提供参数操控点。

2. 举例说明

以某有色冶炼系统多炉窑举例说明，每台炉窑都配有相应的排烟机，由于各炉窑作用不同，建设的年代不同，冶炼能力不同，烟气浓度、气量、烟气压力等差异很大。经实测，目前烟气输送管道的零压点如图 2-1 所示。

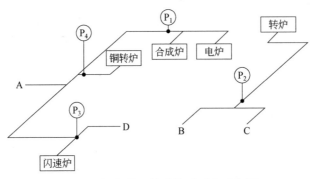

图 2-1   烟气输送管道的零压点示意图

若引入电炉烟气，则 P_1 点应向 A 硫酸系统移动；闪速炉配套转炉烟气引入，则 P_3 点应向 A 硫酸系统移动。铜转炉烟气输送管道零压点 P_4 点应向 A 硫酸系统移动。因此，混气室应设在 A 硫酸系统烟气入口处。如图 2-2 所示。

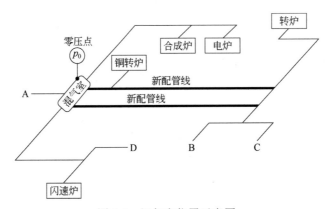

图 2-2   混气室位置示意图

混气室用普通 A3 钢卷制，内衬保温防腐材料，其内固壁面边界采用绝热、无滑移的壁面边界条件。在数值模拟中，混气室处于开放状态，此边界适用自由边界条件，压力调配基点为零。混气室初始环境温度设为 20℃。

采用有限差分方法对偏微分方程进行离散求解。所有空间导数用二阶中心差分格式进行离散，与烟气流动特性相关的流动变量使用显式的二阶 Runge-Kutta 预测-校正方法进行求解。对于动量方程中的压力项运用自由散度条件，生成的 Possion 方程直接进行求解，混气室内烟气流速为 16.3m/s，温度为 201℃，露点为 172℃。混气室管径 $\phi 38000$mm，长 30m。

（二）网络化平衡配送技术

对于大型冶炼烟气制酸装置，制酸操作需根据冶炼装置操作条件的变化及时进行调整，实现整个过程系统参数的稳定控制是生产优化的关键。特别是制酸系统压力控制（p_0），直接影响冶炼生产（炉膛压力波动）和制酸系统的整体能耗与系统漏风率，根据工艺要求必须稳定控制在-100Pa微负压。

1. 平衡配送器

冶炼系统排烟机的主要作用是确保冶炼系统各炉窑生产压力的平稳，不具备将烟气送入制酸系统的能力。同时，制酸系统的SO_2鼓风机是制酸系统的核心动力，设计时并不计算冶炼系统的阻力负荷。由于是对烟气的平衡调配，各制酸系统的位置已固定，与混气室的距离不相等，管网配气系统中的管径也不相等，因此在混气室前需要设置压力平衡器——接力风机，以确保进入混气室的烟气压力平稳。接力风机与原管道并行配置，当接力风机发生故障时，利用原管道输送烟气。

结合各管道阻力计算出所需接力风机的压头，因要保证混气室基本处于零压状态，确保各制酸系统的风机保持稳流，接力风机的全压基本不考虑富余。

风机为轴向进气、双支撑传动的风机，本体由机壳、进气箱、转子组、进风口、电机及耦合器支架、传动组支架、联轴器及护罩等组成。叶轮选用一个弧锥形前盘和若干直立机翼直切叶片及平直中盘焊接组成，可打乱负压区烟气的纹路，降低冶炼系统的漏风率，提高SO_2浓度，降低结露温度点，减少其积灰现象；主轴与机壳密封采用抗高温进口浮动环组合密封，轴承箱油密封采用特种锥形套搭接动静环密封；机壳及进气箱尽量减少法兰连接，内加高压石棉垫，机壳及进气箱均采用16Mn，内衬钛合金；主轴在机壳内部与气体接触处用00Cr17Ni14Mo材质进行包裹，增加了其抗腐蚀性；加厚机壳外保温，减少冷凝酸的形成。叶轮示意图见图2-3。

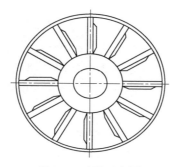

图2-3　叶轮示意图

2. 平衡配送技术

以上述混气室的建立为例进行分析说明，其烟气条件如表2-1所示。

表 2-1　各制酸系统的烟气量及烟气浓度要求表

名称	烟气量/(m³/h)	烟气浓度/%
A 系统	185000～220000	8～10
B 系统	140000	4～6
C 系统	150000～165000	6～8
D 系统	120000	6～8

（1）气量气浓的调配

① 将合成炉烟气（烟气量 6×10^4m³/h）、2 台电炉烟气（单台烟气量为 8×10^4m³/h）、3 台转炉的烟气（单台烟气量为 1.75×10^4m³/h）共计约 2.7×10^3m³/h 全部进入混气室混气。混气后其中 1.3×10^5m³/h 烟气进入 C 系统，其余烟气进入 A 系统。

② 闪速炉烟气（烟气量 8×10^4m³/h）直接进入 D 系统；配套转炉产生的烟气（烟气量 4.5×10^4m³/h）通过接力风机后送到 D 系统。

③ 冶炼转炉烟气（烟气量 1.5×10^5m³/h）直接进入 B 系统，其余的 36000m³/h 烟气进入 C 系统。

（2）平衡器的增设

① 阻力的计算

a. 1 号接力风机。1 号接力风机的风量是按 280～300℃换算成工况烟气量后留有 15%的波动而得出的；SO_2 浓度是按电炉及铜合成炉烟气混合后计算出的。从电炉排烟机出口到与合成炉烟管交接处，该段管为ϕ2200mm，水平投影长度 190m，90°弯头 6 个，阀门 3 个，烟气量 8×10^4m³/h，由此计算出阻力损失为 553Pa。从合成炉排烟机出口到 1 号接力风机进口，该段管为ϕ2400mm，水平投影长度 304m，90°弯头 3 个，阀门 3 个，混合烟气量 1.37×10^5m³/h，由此计算出阻力损失为 967Pa。从 1 号接力风机出口到混气室进口，该段管为ϕ2400mm，到加入铜转炉的烟气后变为ϕ2800mm，水平投影长度共计 207m，90°弯头 3 个，45°弯头 2 个，阀门 2 个，混合烟气量从 1.37×10^5m³/h 增大到 2.62×10^5m³/h，阻力损失为 780Pa，风机动压 200Pa。共计 p=553+967+780+200=2500（Pa）。

b. 2 号接力风机。从镍闪速炉排烟机出口管到与三、一硫酸联络干线的连接管：该段管为ϕ1000mm，水平投影长度 80m，90°弯头 2 个，阀门 1 个，烟气量 1.5×10^4m³/h（该烟气用来调配浓度），由此计算出阻力损失为 137Pa。从镍转炉排烟机出口管到与三、一硫酸联络干线的连接管：该段管为ϕ1400mm，水平投影长度 13m，90°弯头 2 个，阀门 1 个，烟气量 4.5×10^4m³/h，由此计算出阻力损失为 74Pa。从三、一硫酸联络干线到 2 号接力风机入口：该段管

为 ϕ2400mm，水平投影长度 291m，90°弯头 1 个，45°弯头 1 个，阀门 1 个，烟气量 $6\times10^4\text{m}^3/\text{h}$，由此计算出阻力损失为 810Pa。从 2 号接力风机出口到混气室：该段管为 ϕ2400，水平投影长度 493m，90°弯头 2 个，阀门 2 个，烟气量 $6\times10^4\text{m}^3/\text{h}$，阻力损失为 1279Pa，风机动压 200Pa。共计 p=137+74+810+1279+200=2500（Pa）。

② 风机选型。烟气配送方案需要新增 2 台接力风机，以克服不同方向烟气进入混气室时的相互干扰。

1 号接力风机：来自合成炉和电炉的烟气共计约 $1.37\times10^5\text{m}^3/\text{h}$，温度按最高 300℃计算，折合成工况烟气量约为 $3.9\times10^5\text{m}^3/\text{h}$，考虑烟气最大 15%的波动，选用 1 台能力为 Q=$4.5\times10^5\text{m}^3/\text{h}$,$p$=2500Pa,工作温度 300℃,转速 960r/min,双吸入式风机。

2 号接力风机：来自转炉烟气 $4.5\times10^4\text{m}^3/\text{h}$，另加 $1.5\times10^4\text{m}^3/\text{h}$ 烟气（调配用），经由 2 号接力风机送至混气室，烟气温度按最高 300℃计算，折合成工况烟气量 $1.52\times10^5\text{m}^3/\text{h}$，考虑烟气的波动，选用 1 台能力为 Q=$1.7\times10^5\text{m}^3/\text{h}$，$p$=2500Pa，工作温度 300℃，转速 960r/min，单吸入式风机。

两台风机压头均需要克服风机本身的阻力损失，风机进出口管、全部管路（含弯头）及管路上新增调节阀的阻力损失，至混气室前留有 150Pa（混气室压力设为 0Pa）。风机采用液力耦合器调速。

（3）冶炼各炉窑压力的调节

① 合成炉与电炉压力的调节：随时观察合成炉及电炉的炉膛压力，通过 1 号接力风机的液力耦合器的转速来调节，若合成炉炉膛负压较大，而电炉负压较小时可调节合成炉出口制酸阀门的开度。

② 合成炉、电炉与转炉压力的调节：观察 1 号接力风机出口压力以及转炉出口排烟管的压力，根据其压力变化调节 1 号接力风机进出口阀门或调节混气室处浓度调节阀门。

③ 转炉压力与风量的调节：根据 A、D 系统生产情况来调节 2 号接力风机进出口阀门以及对转炉的烟气排放量进行调节。

配气系统的综合调节主要为各制酸系统气量调节。需要注意的是：

① 通过调节接力风机来增缩气量时，每调节一次应保持在 5%以下的调节量，分步、缓慢、匀速进行，在确保制酸系统各项指标正常的情况下，应尽量将冶炼烟气引入制酸系统。

② 应根据冶炼工况以及各制酸系统的运行情况进行调节，同时应注意 SO_2 浓度的变化，及时调整系统阀门。

（三）烟气管网配套设施

烟气网络化体系压力平衡后，配套设施的研发成为烟气管网稳定运行的关键所在，即烟道阀门的防卡堵调整、波纹管防泄漏等，确保烟气配送系统过程中压力的稳定调整、烟气的便利输送。硫酸生产中输送高温烟气管道常用阀门为硬密封法兰式不锈钢蝶阀，材质为G/F4，且多采用波纹补偿器消除管道热应力。但由于冶炼烟气中含尘多、含饱和水量大，在高速烟气输送中烟尘和水分混合后，黏度大，易黏结于蝶板、阀体和补偿器上，造成阀门卡阻、补偿器腐蚀后内衬脱落、烟气泄漏等现象，不仅污染现场环境，而且阀门和波纹补偿器的频繁更换增加了企业生产成本。

1. 防卡防泄阀门

由于冶炼烟气温度较高，若阀门长时间关闭，就会造成阀门内外温差过大，阀门轴承受热膨胀过度，胀大轴承内圈，使内外圈的间隙变小而抱死，阀轴空隙被酸泥等物质腐蚀结死，阀轴长时间不活动锈死。阀板卡死主要是因为烟道阀门一般采用蝶阀，在使用一段时间后，烟道内烟灰积累量过多，阀门开关时阻力逐渐增大，不易闭合，阀板的力矩无法推动烟灰而卡死。烟灰的积累是一个时间和量的累积过程，不是瞬间或短时间就能积累到阀门的轴力矩无法推动的程度。

针对烟道积灰经常在阀门位置，可采用一种可自行清灰的烟气管网阀门。阀门包括上阀体、下阀体，并在上、下阀体上对置设有大小相同的阀体孔，下阀体的两侧对称设有卷筒，上阀体与所述下阀体中间设有带状阀芯，其上至少设有两个阀芯孔，两个相邻阀芯孔之间的距离大于阀体孔的直径。带状阀芯的一侧设有凸起，两端分别与卷筒相连接，卷筒则与减速机相连接，上阀体的底面设有上阀体密封，下阀体的顶面设有与上阀体密封相对置的下阀体密封。卷筒上设有限位器，限位器上设有限位板。上阀体的顶面与伸缩节的一端相连接，伸缩节的另一端与法兰相连接，上阀体的上侧壁两侧设有下支撑板，下支撑板通过下销轴与气缸的下铰链相连接，气缸的上铰链与设置在法兰两侧的上支撑板相连接。下阀体两侧对称设有两块减速机构支撑板，减速机构通过紧固螺钉安装在减速机构支撑板上。阀体孔与所述阀芯孔的直径大小相同（具体结构见图2-4）。

气缸输入高压气体，在气缸的预紧力作用下上阀体密封压紧至带状阀芯上，带状阀芯下移与下阀体密封紧密接触，上阀体与下阀体相扣合。当阀芯需要闭合时，启动减速机，卷筒带动带状阀芯移动，两个相邻阀芯孔之间的实心部位从阀体孔的一侧移动至另一侧，直至完全遮住阀体孔，带状阀芯上的凸起被限

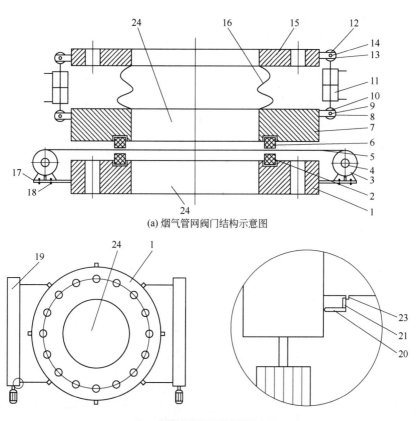

(a) 烟气管网阀门结构示意图

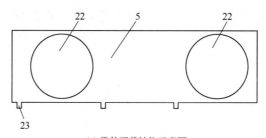

(b) 下阀体俯视图及限位器放大图

(c) 带状阀芯结构示意图

图 2-4 烟气管网阀门结构

1—下阀体；2—下阀体密封；3—减速机构；4—电动机；5—带状阀芯；6—上阀体密封；
7—上阀体；8—下支撑板；9—下销轴；10—下铰链；11—气缸；12—上铰链；
13—上支撑板；14—上销轴；15—法兰；16—伸缩节；17—减速机构支撑板；
18—紧固螺钉；19—卷筒；20—限位支撑；21—限位器；
22—阀芯孔；23—凸起；24—阀体孔

位板挡住，带状阀芯停止移动，阀芯进入闭合工作状态。当阀芯需要打开时，卷筒带动带状阀芯向相反方向移动，阀芯孔移动与阀体孔的中心相重合，带状阀芯上的另一个凸起被限位板挡住，带状阀芯停止移动，阀芯进入开启工作状态。通过控制阀芯孔与阀体孔之间重合部位的大小可控制通过管道阀门的气体流量。

由下阀体两侧的卷筒在减速机控制下转动，带动阀芯左右移动，完成阀门的开启与闭合的控制；当阀芯移动时，将落在阀体、阀芯上的烟尘一并擦拭干净，有效解决了因烟尘在阀门上的堆积而造成阀门被卡堵的问题；阀芯的移动行程由限位器进行控制；在上阀体上设置气缸，气缸通入高压气体使上阀体在气缸预紧力作用下对上阀体密封、带状阀芯及下阀体密封进行压紧，从而保证带状阀芯上下密封面不漏烟气，提高了生产的安全可靠性；在上阀体上设置伸缩节，伸缩节进行伸缩移动，确保上阀体的灵活运动。

2．防泄漏波纹补偿器

（1）腐蚀原因

导致膨胀节腐蚀的环境因素包括腐蚀介质的组分、形态及波纹管的应力分布特点，而在腐蚀环境中如何进行材料选择和结构设计就成为腐蚀与防腐的关键。

冶炼烟气成分较为复杂，主要有 SO_2、SO_3、N_2、H_2O、O_2 以及烟尘等组分，构成了波纹管高温化学腐蚀的气体环境，其酸露点温度为 $118\sim150℃$。

波纹管的波峰和波谷的局部基本上在弹塑性范围内工作。由内压或位移引起的应力包括轴向薄膜应力和径向薄膜应力。管系受热膨胀时，膨胀节产生轴向拉伸位移，此时在波峰处产生最大压应力，波谷处产生最大拉应力。压力产生的应力分布与位移载荷引起的应力分布类似。位移载荷引起的应力分布见图2-5，波峰、波谷处应力最大，所以此处衬里最容易脱落，钝化膜最易破裂，膨胀节最易发生腐蚀。

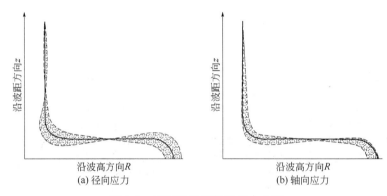

图2-5　位移载荷引起的应力分布

由于衬里材料与膨胀圈材质产生的热应力不同而产生不同的轴向及径向位移量，此时若衬里材料的黏结性能较弱则容易脱落，如图 2-6 所示。膨胀节内的防腐蚀层有缺陷或是已经遭受破坏，而烟气管道温度发生变化，烟气中的饱和水蒸气发生水凝现象，水和烟气中的二氧化硫进行反应，再加上其他的一些腐蚀介质的共同作用，对膨胀节内防护层被破坏处的钢体外壳产生腐蚀作用，因此使得膨胀节很快腐蚀穿孔。另外由于补偿器导流板长期处于酸性介质环境中，也非常容易被腐蚀破裂，这将使管内的腐蚀介质更容易进入膨胀圈而加剧腐蚀。

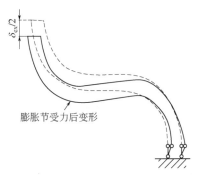

图 2-6　衬里脱落示意图

（2）新型补偿器

新型波纹补偿器研发的关键是要避免补偿器内腐蚀环境的形成、消除壁面的介质结露现象。

① 选择适宜的内衬防腐材料　不同的材料其线胀系数不同，选择适当的衬里材料可以减少本体与衬里之间的热膨胀差。新型补偿器衬里材料将选择性能优良的高分子合成材料(ETFE)，其平均线胀系数接近碳钢的线胀系数，有效克服了聚四氟乙烯对金属的不黏合性缺陷，在补偿器接受正负压、冷热交替变换的实验后，衬层不受影响；且具有聚四氟乙烯的耐腐蚀特性，优于聚四氟乙烯的抗蠕变性和压缩强度，拉伸强度高，伸长率可达 100%～300%。

② 对夹式防腐蚀导流筒　国内外均采用将导流筒直接焊接在补偿器上的结构形式，在材料的选择上，国外普遍选用 Fe-Ni 合金 Incoloy 800、825 和 Ni 基合金 Inconel 600、625，国内多采用普通 18-8 奥氏体不锈钢(如 SUS 304)，但在长期的运行中，奥氏体不锈钢并不能满足要求。

导流筒设计如图 2-7 所示，是一个独立的体系，将其对夹于两片法兰之间，并在导流筒内外侧均匀刮刷耐高温、耐腐蚀、防渗漏的胶泥，有效地防止了导流筒材料的腐蚀、烟气的泄漏。如若导流筒腐蚀，可在系统短期停产检修时将其更换，有效提高补偿器的使用寿命。

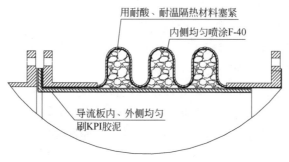

用耐酸、耐温隔热材料塞紧

内侧均匀喷涂F-40

导流板内、外侧均匀
刷KPI胶泥

图 2-7   新型补偿器结构示意图

（四）应用效果

冶炼烟气网络配置技术应用于冶炼炉窑多、制酸系统多、烟气浓度高低不一致的冶炼系统烟气的综合调配是可行的。将高低浓度烟气送至混气室进行合理调配，利用网络化调压输送技术，配合防泄漏波纹补偿器、防卡防泄阀门的使用，确保了冶炼和化工均可按设计格局组织生产，实现了源头烟气的清洁化治理。多炉窑烟气联动混配整体技术的应用实现正常生产时各系统的高负荷生产、检修时各系统经济运行，确保冶炼烟气的充分利用和硫酸系统的均衡生产，实现全部炉窑源头 SO_2 烟气的科学、洁净、经济综合治理。

二、烟气除尘后酸水的洁净化治理

源头烟气的综合和清洁化治理，为生产过程的减量化、洁净化、资源化治理提供了有力的保障。冶炼烟气制酸中，烟气需要经过净化处理才能进入转化工序。目前净化工艺普遍采用的是稀酸洗涤，高温烟气进入净化洗涤塔后与塔内喷淋的循环酸并流或逆流接触，实现了烟气的降温、洗涤、除尘、除雾治理过程。详见图 2-8。

烟气中的固态杂质及气态物质会进入洗涤酸中，酸水由后向前进行逐级串酸，洗涤酸浓度和含尘量逐渐升高，达到一定程度时需要及时外排，否则会造成净化塔内积泥，系统管路备件堵塞，瓷环粉化，净化效率降低，严重时会影响生产正常运行。因此酸水的减量化、洁净化和资源化治理成为制酸过程经济环保生产的重要管控过程。

通过对酸水形成机理、成分及处理方式进行深入研究，净化工段酸性废水洁净治理的主要途径有以下三个方面：一是提高洗涤酸中尘的沉降效率，增加排放酸中尘的富集程度，以减少酸水排放总量；二是采取措施降低循环酸中氟

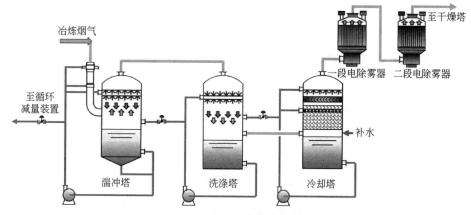

图 2-8　净化系统总流程

化物的浓度，以减少酸水的排放；三是对酸水进行浓缩，提高回用效率，降低酸水排放的总量。

（一）制酸系统净化洗涤除尘技术

1. 高效湍冲塔反沉降技术

湍冲塔主要由逆喷管、溢流盘、中心筒、循环槽、底部导流板、内置沉降槽、沉降斜管组成。相比传统的湍冲塔，该高效湍冲塔增高了中心筒的高度，并加装了沉降管，去除了沉降槽内置斜板及填料，塔内空间大幅提升（见图2-9）。

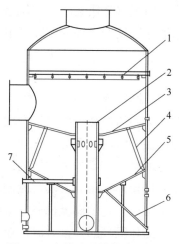

图 2-9　高效湍冲塔塔内结构图

1—喷淋装置；2—中心筒；3—溢流盘；4—斜板填料；5—沉降内筒；
6—底流管；7—沉降冲洗管

（1）新型阻泥式中心筒

通过增高中心筒的高度，提升中心筒对洗涤酸中酸泥的阻挡作用，减少进入循环槽中酸水的含固量，其作用原理如图 2-10 所示。

图 2-10   中心筒阻泥示意图

从图 2-10 中可以看出，经过洗涤后的循环酸，沿溢流板在重力的作用下向下运动，当运动至中心筒后，受增高的中心筒的阻挡作用，循环液做一停留，运动至沉降管部位，部分通过沉降管进入沉降槽沉降，随着循环液流量的增加，部分含固量较低及溢流板暂不能接收的循环液进入循环槽，对烟气进行洗涤、降温，达到净化烟气的目的。

（2）多边均布切向进液沉降管

沉降装置多为斜板或斜管沉降器。斜板和斜管均满足水流的稳定性和层流的要求，但斜管的层流状态更趋向于过度湍流状态。由于湍流的传递速率远大于层流，急需要液体和固体互相混掺，轨迹曲折混乱，避免酸泥在沉降槽沉积，所以选用沉降斜管。

沉降斜管位于溢流板与内置沉降槽之间，均匀分布，其作用是与增高后的中心筒相互配合，将洗涤液通过沉降管进入沉降槽中沉降，使液相、固相质点分布趋于均匀，便于泥水混合物更易移出净化工序，避免积泥给净化工序带来的弊端。

（3）涡流循环液运动方式的研究

塔底安装导流板，并在中心筒出液口位置均布四个旋流装置。通过中心筒进入循环槽的洗涤酸受导流板和旋流装置的作用,产生一定的向心力,从图 2-11 中可以看出，进入中心筒中的循环液受重力作用的影响，产生很大的动能，通过中心筒底部的留口，受导流板的作用力影响，改变循环液的流动方向，具备一定的角速度，在塔体底部形成一定的涡流，充分避免了酸泥在塔底的沉积，带动酸水搅动，减短酸水中固体颗粒的停留时间，避免酸泥堆积。

2. 净化装置斜面沉降技术

净化装置内循环稀酸中固体颗粒间相互支承，上层颗粒在重力作用下，挤出下层颗粒的间隙水，从而使酸泥得到压缩，其试验描述如下：沉淀界面下沉

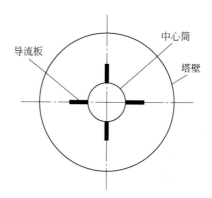

图 2-11 导流板作用示意图

的初始阶段，由于浓度较稀，沉速是悬浮物浓度的函数 $u=f(c)$，呈等速沉淀，见图 2-12 中的 A 段。随着界面继续下沉，悬浮物浓度不断增加，界面沉速逐渐减慢，出现过渡段，见图 2-12 中的 B 段。此时，颗粒之间的水分被挤出并穿过颗粒上升，成为上清液。界面继续下沉，浓度更浓，污泥层内的下层颗粒能够机械地承托上层颗粒，因而产生压缩区，见图 2-12 中的 C 段。

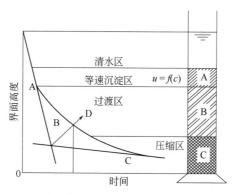

图 2-12 区域沉淀曲线及装置

通过对酸泥沉降压缩分析，将斜面沉降技术运用于净化装置塔底，通过一定的坡度，将循环泵入口处设为塔底最低点，利用斜板沉降原理将压缩后的酸泥尽可能通过循环泵强制循环至前端净化装置，最终将浓缩的酸泥运输到湍冲塔沉降，并最终移出净化工序。净化装置塔底斜面效果图见图 2-13。

该技术能够将塔内浓缩的酸泥尽可能移出净化装置，且净化工序排水置换时，也能彻底排出塔底积泥，进一步优化净化工序体内循环酸水指标，为酸水减量浓缩提供良好的体内环境。

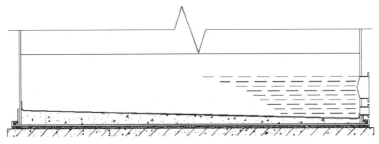

图 2-13 净化装置塔底斜面效果图

3．间歇式反射旋流冲洗技术

为避免泵入口管道在塔内形成酸泥沉积死区，可在塔底配置一套间歇式反射旋流塔底冲洗装备（图 2-14），利用液体在塔壁上经过多次反射，对塔底酸泥进行冲击形成对向旋流状流体（图 2-15），使塔底酸泥搅动起来，以塔底底排口为出口安装泥浆泵，配合反射旋流式冲洗装备，将塔底酸泥直接输送至湍冲塔沉降。

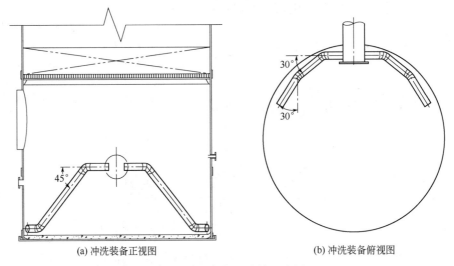

(a) 冲洗装备正视图   (b) 冲洗装备俯视图

图 2-14 冲洗装置结构示意图

（二）过滤压滤一体化高效除泥系统

1．精粗两级过滤和间歇压滤工艺

两级除泥系统工艺流程（图 2-16）：净化工序酸水由冷却塔、洗涤塔、湍冲塔逐级向前串酸，尘泥在湍冲塔沉降槽经过初步沉降后，含固量较高的酸水通过泥浆泵输送至悬浮过滤器进行粗过滤，悬浮过滤器的上清液一部分排放，

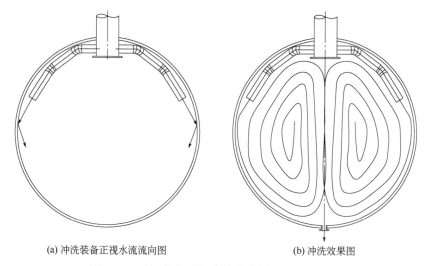

(a) 冲洗装备正视水流流向图　　　　　　　(b) 冲洗效果图

图 2-15　冲洗装备正视水流流向图和冲洗效果图

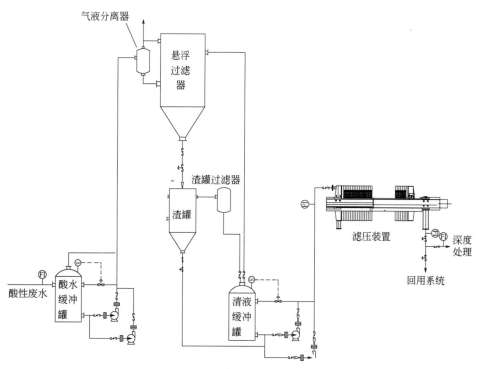

图 2-16　两级过滤除泥系统工艺流程图

大部分经过板框压滤机进一步精过滤。过滤后清液回用至净化洗涤塔，同时板框压滤机对悬浮过滤器排放至渣罐内的酸泥进行间歇压滤，压滤后的干渣装吨装袋存放。此为净化酸水的一个循环浓缩周期。

工艺创新在于悬浮过滤器清液进入板框压滤机常规压滤之前，对悬浮过滤器渣灌进行 120s 排渣操作，使悬浮过滤器内直径大于 2.5mm 尘泥进入板框压滤机，在过滤单元内被截留，短时间内形成一层滤饼，对后续清液进行高效过滤。悬浮过滤器大颗粒尘泥在板框压滤机内形成滤饼时间相较于清液形成常规滤饼时间大大缩短，提高滤饼形成速率。两级过滤实现了对洗涤循环酸的粗、精除尘，为后续酸水浓缩回用创造了有利条件。

2．两级过滤除尘装备

（1）悬浮过滤器

悬浮过滤器主要是利用斜板层撞击物理沉降、悬浮填料深层吸附并过滤的设备，主要由中心筒、斜板、滤帽、顶层滤板、滤料组成，具体结构如图 2-17 所示。

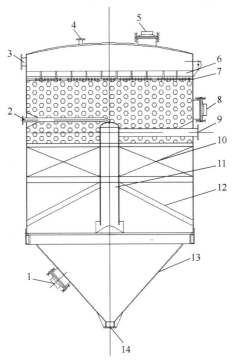

图 2-17　悬浮过滤器结构示意图

1—人孔；2—侧面排气口；3—出液口；4—顶部排气口；5—人孔；6—开孔板；
7—开孔板加强；8—人孔；9—进液口；10—斜板；11—中心筒；
12—过滤器支撑；13—锥体；14—污泥排放口

高浓度的酸性废水经脱气塔脱除 SO_2 后进入悬浮过滤器中心筒后，自下而上在斜板撞击作用下初步沉降，较大的固体颗粒被拦截下来靠自重进入悬浮过滤器锥体，经初步沉降的酸性废水进入滤料层进一步过滤。滤料一般是由 $\phi1.5\sim$

3.0mm 的改性发泡乙烯制成，具有较大的比表面积，将大颗粒悬浮物吸附拦截，在滤料下面形成一层滤饼，滤饼也起到过滤作用。滤料层下的滤饼与锥底沉积酸泥通过悬浮过滤器反冲洗进入渣罐暂存。

（2）滤压精过滤装置

滤压装置用于液-固分离，如图 2-18 所示，把原料悬浮液（滤浆）用多孔物质（滤布）进行过滤，滤浆中的固体颗粒被阻挡在滤布上形成的滤渣层称为滤饼；流过滤饼及滤布的清液称为滤液。逐渐增厚的滤饼层在过滤过程中起着阻挡颗粒的作用，此过滤操作称为滤饼过滤。

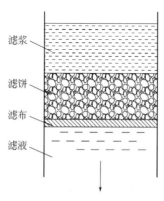

滤浆

滤饼

滤布

滤液

图 2-18　滤压装置原理图

滤压装置是一种加压过滤间歇操作的过滤设备，悬浮过滤器清液进入滤压装置各过滤单元内，经过滤布时小颗粒尘泥被截留在过滤单元中，逐步形成滤饼，随后利用滤饼压差及其小直径空隙进行过滤。压滤过程中，滤布在压滤机的初始过程中起了很重要的作用，但过滤一段时间形成滤饼后，滤布的截留作用逐步减小，真正起精过滤作用的是滤饼，形成好的滤饼是滤压装置使用技术的关键。

酸水在悬浮过滤器内初步沉降过滤滤除大颗粒尘泥后，含有小颗粒尘泥的酸水进入滤压装置进一步精过滤，滤压装置依靠滤饼对小颗粒尘泥酸水进行高效过滤。随着滤饼的空隙率减小，滤饼逐渐增厚，液体在滤饼内的流速减缓，滤压装置入口流量缓慢降低。因含有小颗粒尘泥的酸水黏度小，在滤饼中流动阻力小，滤饼增速缓慢，可延长滤压装置的压滤周期。

（3）实时高效防沉降设备

由于渣罐间歇放渣压滤，渣罐底部连通管处极易被积泥堵死，造成放渣困难。实时高效防沉降装置：上盖、筒体和锥底加工制作为圆柱形带有腔体的密闭结构，进料管一个端口延伸至所述腔体上部，底部与中心筒顶部相连接；中心筒底部分布四根与水平、竖直方向均成 45°角斜向下的旋流松泥管；出料管的一个端口与锥底固定粘接,另一个端口与拉渣罐车的进料管连通;溢流管的一端与筒体上部相连接,另一端与净化底排管道相连;排气管与进料管相连。结构图见图 2-19。

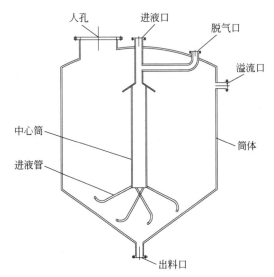

图 2-19   实时高效防沉降装备结构图

经悬浮过滤器过滤后的酸泥自悬浮过滤器底部排渣口进入实时高效沉降装置内,经进料管进入中心筒内,在重力势能作用下,快速冲击进入旋流松泥管内,延水平斜向下冲击悬浮过滤器锥体底部沉降酸泥,在快速、高压冲击力作用下旋流搅拌酸泥,对沉降在锥体底部的酸泥起到松动、推流作用。见图 2-20。因冲击力小于实时高效沉降装置内液体及酸泥重力,冲击力只能作用于锥体底部酸泥,对实时沉降装置顶部清液影响较小。此操作为间歇操作,每两小时进行一次,有效保证回用系统清液清澈度。

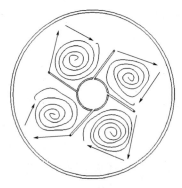

图 2-20   实时高效防沉降效果图

（三）应用效果

该技术应用在净化工序中可明显减少塔内积泥量，提高除尘效率、烟气净化效率，避免了烟气中有害杂质后移，降低了酸水的含固量，除尘装置出口酸水干净透明，为后续酸水浓缩回用提供了保障。酸水排放量得到有效控制，减少了酸水处理工序的建设规模和投资成本，有利于实现酸水的经济治理。

第二节　末端达标资源化综合治理

末端治理作为环境管理发展过程中的把关阶段，它的高效治理最有利于消除污染事件，也在一定程度上减缓了生产对环境的污染和破坏趋势。要经济，更要环境；要发展，更要环保。随着环保要求的日益严格，对三废的达标、清洁、经济治理成为企业的最终目标。源头削减降低了末端治理的难度，它与末端治理的完美结合能促进资源的循环利用，控制污染的产生，实现经济和效益的统一。

本节重点介绍了高效清洁尾气二氧化硫工艺、废水洁净化资源化治理工艺及分散烟气极简脱硫工艺，通过技术创新实现对废气的洁净化治理，对废水的资源化利用，实现三废洁净化、资源化治理。

一、废气洁净化治理

随着国家对制酸尾气二氧化硫排放指标的日益严格，新标准中要求二氧化硫排放浓度低于 $400mg/m^3$，局部地区为 $200mg/m^3$，尾气的达标经济治理成为行业研发热点。目前国内外工业化应用的脱硫方法有十余种，其中应用较广泛的主要有石灰法、硫酸铵法、有机胺法、亚硫酸钠法、活性焦法、碱吸收法等。

有色冶炼烟气制酸因烟气状况随治炼条件改变而波动，尤其当治炼系统烤炉、停料、调节炉内熔体液面时，烟气量及浓度短时波动较大，势必造成系统转化率的波动，尾气的 SO_2 浓度波动范围较大，造成制酸尾气中 SO_2 浓度升高。本小节重点介绍一种可实现尾气达标、经济处理的碱吸收技术。

（一）高效尾气吸收工艺

针对有色冶炼复杂烟气特点，结合湿法冶金过程产生的碱性废水（其主要成分为氢氧化钠、碳酸钠、碳酸氢钠、次氯酸钠的混合液），可采用新型二氧化硫捕集工艺技术，即在现有硫酸系统二吸塔与尾气烟囱之间设置脱硫装置。当烟气状况稳定时，采用碱性废水作为吸收剂对制酸尾气进行吸收，当冶炼烟气波动时，启动烧碱应急吸收系统，利用碱性废水和烧碱对尾气进行二级吸收，即烟气进入吸收塔中先与喷淋下来的碱性废水逆流接触，脱除其中的部分二氧化硫，然后再与烧碱液逆流接触，确保其中剩余的二氧化硫被捕集，处理后的达标排气从现有烟囱高空排放。尾气 SO_2 出口的浓度通过循环液中 pH 值进行控制。该工艺的特点是操作灵活性高，制酸尾气 SO_2 排放浓度可以通过调节 pH 值来控制，以满足国家不同环保排放标准。

烧碱吸收过程产生的吸收液主要成分为 Na_2SO_3 和 $NaHSO_3$，可回用至硫酸系统净化工序，酸性条件下，其中的 Na_2SO_3 和 $NaHSO_3$ 进行酸解，使吸收液中的硫以 SO_2 气体的形式返回制酸系统用于生产硫酸，从而实现尾气中硫的资源化利用，而且吸收液可以替代部分新水的加入，减少硫酸净化工序的新水消耗。工艺流程如图 2-21 所示。

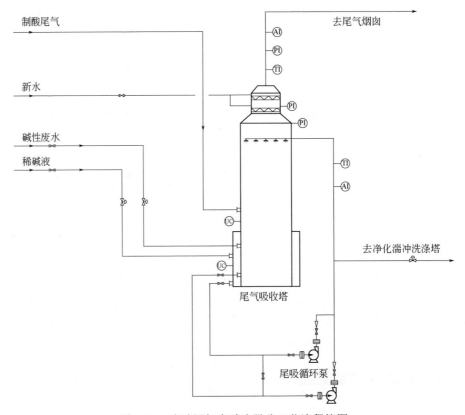

图 2-21　硫酸尾气废碱液脱硫工艺流程简图

（二）多功能尾气脱硫塔

脱硫塔是尾气脱硫系统的核心设备，为了满足尾气脱硫装置碱性废水吸收和烧碱吸收两种脱硫工艺要求，实现烟气波动状况下应急吸收系统的自动启用和反应热的移除，并提高吸收效率，节省碱耗，对吸收塔进行了系统性结构创新和功能集成，应用一种集循环-水吸-碱吸-配液-移热-布液-布气-捕沫八种功能为一体的二氧化硫捕集装置，该装置整体采用"塔槽一体化"结构形式，具有工艺流程短、结构紧凑、操作维护方便、装置占地和投资小等优点。吸收过程采用气、液逆流接触工艺，利用气膜、液膜间的最大浓度差提升传质推动力，提高反应速率，从而提高脱硫率。

1. 多功能脱硫塔双循环吸收系统

该塔由两层填料和两级喷淋装置、气体分布板、气液分离器、吸收液循环槽等组成，其中吸收液循环槽有内、外两个循环槽，通过配套的工艺管路、阀门等形成两个独立的吸收循环系统。两层填料之间设有一气液分离装置（图2-22），该装置为一开有多个圆孔的上弧形板，每个圆孔上安装有一个锥形挡液帽，通过圆柱形接管与上弧形板连接，圆柱形接管上均开有排气孔，弧形板边缘开有一排液口，通过排液管与塔体下部内循环槽连接。在制酸系统正常运行中，以碱性废水为吸收剂通过外循环槽系统对制酸尾气进行吸收，内循环槽系统正常运行中处于备用状态。在冶炼或制酸系统开、停车及出现故障时，尾气二氧化硫浓度较高，内、外循环槽系统同时启动，分别利用碱性废水和烧碱对制酸尾气进行二级吸收，确保尾气达标。碱性废水吸收液进入外循环槽中，烧碱吸收液通过气液分离装置的排液管进入内循环槽中。内循环系统的启动通过其进液阀和泵入口阀来实现，该阀门采用远程自动控制，与尾气入口二氧化硫浓度联锁，一旦烟气出现异常状况，内循环槽能自动及时启动。另外，结合运行条件对气、液管道阀门结构形式进行了改进，解决了阀门因结晶、积尘等原因造成的开关不灵活的问题，提高了密封性。塔内选择高效矩鞍环填料，增大了比表面积、延长了气液接触时间，减小了设备体积。

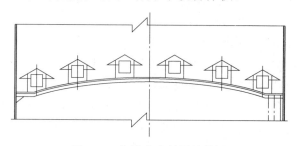

图 2-22　气液分离装置结构图

2. 移热装置的研究

尾气脱硫过程发生的化学反应：

$$2\,NaOH + SO_2 = Na_2SO_3 + H_2O \tag{2-15}$$

$$2\,Na_2CO_3 + SO_2 + H_2O = 2\,NaHCO_3 + Na_2SO_3 \tag{2-16}$$

$$Na_2SO_3 + SO_2 + H_2O = 2\,NaHSO_3 \tag{2-17}$$

$$NaHCO_3 + SO_2 = NaHSO_3 + CO_2 \tag{2-18}$$

$$SO_2 + H_2O = H_2SO_3 \tag{2-19}$$

$$2\,NaClO + SO_2 + H_2O = Na_2SO_4 + 2\,HCl \tag{2-20}$$

利用碱性废水对尾气进行吸收，发生的是放热的化学反应。在进一步的理论分析中发现，尾气吸收系统达到平衡状态时（反应产生的热正好与尾气绝热蒸发带走的热量平衡）的循环液温度与烟气中 SO_2 的浓度有直接的联系。为了防止系统开停车期间较高浓度尾气吸收过程中可能出现的热量富集及设备损坏的问题，针对吸收液易结晶的性质对尾气吸收系统的移热设备选为内置式翅片管式换热器（图 2-23），及时将反应热移除，确保尾气全时达标。换热介质选用循环水，使用中一旦出现结垢问题，打开人孔就可以处理，较好地解决了尾气吸收过程的热量富集问题。

基管　翅片

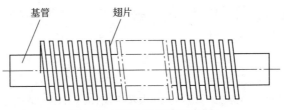

图 2-23　翅片管结构示意图

3. 强制湍流式混液器

尾气脱硫塔采用的是连续操作工艺，即系统的加碱和出液均为连续的。常规的设计过程中，对加碱和出料的方式很少进行特殊的考虑。但加碱和出料方式设计的合理与否直接影响系统的烧碱消耗量。

常规的设计中，加碱和出料口均设置在循环槽上，在此情况下，系统中加入的碱必然有一部分未经喷淋吸收烟气而直接从出料口排走。见图 2-24。

要提高碱的利用率，根本的解决办法是让所有的碱全部经泵上塔喷淋，可采用强制湍流式混液器，即将加碱管道进行延伸，一直到循环泵的入口，一方面碱液加到该位置时，排污口的碱液浓度最低，另一方面碱液加在泵入口，充

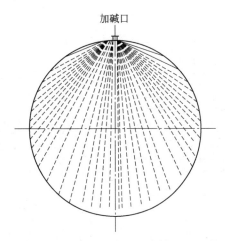

图 2-24 碱液在塔内的自由扩散分布示意图

分利用泵入口的抽力作为混液动力，泵入口的循环液在混液器中与吸收剂强制混配，可以最大限度减少碱液在塔内的自由扩散，使烧碱全部进入喷淋系统循环，且加液点设计在泵入口近端，减少了吸收液在塔内自由扩散造成的流失，提高了吸收剂利用效率。该装置与常规的单独设置配液装置的工艺相比，流程简化、装置体积大幅缩小。这种吸收塔的加料和出料配置模式如图 2-25 所示。

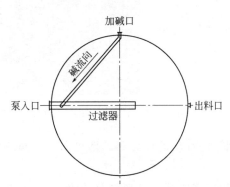

图 2-25 强制湍流式混液器结构示意图

4. 多功能尾气脱硫塔内布气、布液装置的集成设计

塔上部设置一种多级管式布液器（图 2-26），通过采用四级对称分液装置和高密度分液点的设计（>35 点/m²），使液体分布均匀。塔体中下部设置一种多孔截流型布气装置（图 2-27），利用塔内气速的径向分布特点，强制截流实现烟气均匀再分布。塔体中上部设置有带防雨帽的气液分离装置，实现气液分

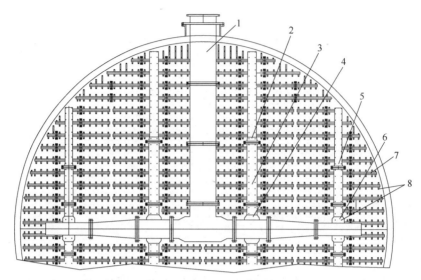

图 2-26　多级管式布液器结构示意图

1—进液主管；2～6—带变径的三级分液管；7—四级分液管；8—耐酸合金喷嘴

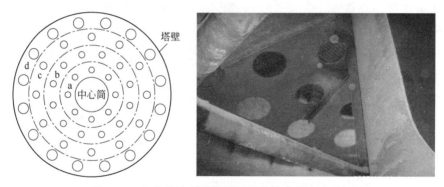

图 2-27　多孔截流型布气装置结构示意图及实物图

离的同时，也可对烟气进行均匀再分布。通过布气、布液装置的设置，提高吸收效率。

5. 多功能尾气脱硫塔内捕沫装置的集成设计

塔顶部设置高效波纹捕沫装置（图 2-28 和图 2-29），对吸收尾气中夹带的亚硫酸钠、亚硫酸氢钠等颗粒进行捕集，防止设备堵塞，该装置阻力较小，除沫效率高达 98%以上。

该装置与传统的平铺式惯性碰撞丝网捕沫器的不同之处在于：①在捕沫器空塔操作气速不变的情况下，由于网块 90°夹角安装，使有效捕沫面积增大 40%，有利于捕沫效率的提高；②在捕沫丝网的绝对厚度（100～150mm）不变的情

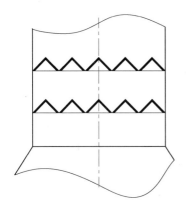

图 2-28　波纹捕沫装置组装图　　　　　图 2-29　波纹捕沫装置俯视图

况下，90°夹角安装，使雾沫颗粒在丝网中垂直运动距离增加到平铺的 1.4 倍，增大了碰撞捕集概率；③对于粒径小于 3μm 的雾沫，不仅在气速方向上直线运动，还存在气溶胶的布朗运动，由于相对捕集路径的延长，有利于对作布朗运动的雾沫形成过滤式捕集；④与孟山都布林克除雾沫设备相比，其具有安装高度相对下降，不设专用安装孔，拆卸、清洗、安装简便，经济实用等特点。

多功能尾气脱硫塔的结构如图 2-30 所示。

（三）应用效果

该技术成果的应用显著提升了冶炼烟气清洁治理工艺技术水平，实现了制酸尾气全时达标的清洁化治理，也实现了湿法冶金过程产生的碱性废水的综合利用，经济效益和环境效益显著。

二、废水洁净化治理

冶炼烟气制酸过程净化工序的洗涤酸经过除尘、除氟和浓缩回用的过程处理后，仍有部分需要开路排放，排放废水中含有镍、铜、砷、铅等金属杂质，其综合治理利用是业内一项技术难题。国内外普遍采用的治理方法主要有石灰中和法、石灰-铁盐法、硫化法、氧化法等，冶炼烟气净化废水中所含离子种类和浓度不同，采用的方法也不同。

本技术应用的从废水中提重金属新工艺和新型密闭式管道反应器，具有占地面积少、操作环境好、反应速率快、重金属的回收率可达到 98%以上的优点。

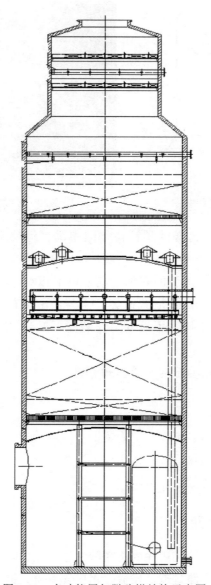

图 2-30　多功能尾气脱硫塔结构示意图

（一）酸性废水中除重金属技术

1. 硫化钠法反应机理

硫化法是在酸性条件下对铜含量较高的废水进行初步沉淀和分离的一种方法，主要是利用酸性条件下铜元素可与硫化钠反应生成沉淀的特性，从而达到回收有价金属的目的。

基本原理如下：

$$Na_2S + H_2SO_4 \longrightarrow Na_2SO_4 + H_2S \qquad (2\text{-}21)$$

$$2\,NaHS + H_2SO_4 \longrightarrow Na_2SO_4 + 2\,H_2S \qquad (2\text{-}22)$$

$$Cu^{2+} + H_2S \longrightarrow CuS\downarrow + 2\,H^+ \qquad (2\text{-}23)$$

废水中不仅含有铜离子，而且含有砷等有害金属，加入的硫化钠不仅与铜离子反应，而且将砷离子沉淀出来，两者无法分离，使得有价金属不能有效地回收利用。利用酸性废水中 pH 和氧化还原电位不同时硫化铜与硫化砷的溶度积差别很大（硫化铜：$K_{sp}=2\times10^{-48}$；硫化砷：$K_{sp}=2.1\times10^{-22}$），硫化铜与硫化砷会分别沉降的特性，通过控制液相反应的 pH 值及氧化还原电位，使得加入的硫化钠分别与铜、砷离子发生反应，从而达到砷、铜分步沉降分离的目的。

2. 硫化工艺技术

从净化工序湍冲塔所排放的酸性废水，经过两段式 SO_2 脱气塔，实现了对废水中溶解的 SO_2 的脱除和回收；脱气后的废水经过两级过滤除杂后，与 Na_2S 溶液一并进入密闭式管道反应器中，经过长达 10min 的反应，将铜、砷离子转化为沉淀物，滤饼送冶炼系统以回收金属，滤液进入深度处理工序。采用多级过滤工艺装置，滤液一路返回净化工序循环使用。深度处理工序可根据后续工艺中对指标的不同要求进行选择，一般多采用电化学法、羟基铁配位处理法、高温脱除法等。工艺流程图详见图 2-31。

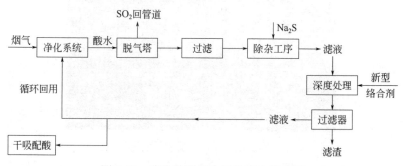

图 2-31　硫化法除重金属的废水流向图

废水在采用了"三段四层"除氟、硫化钠除铜除砷等技术后，杂质含量大大降低，经硫化深度处理后的废水清液可返回净化系统作为补充水，亦可用于配酸，如用于干燥塔加水，也可用于将 98% 的酸稀释成 93% 的酸。

3．高效除杂设备研发

（1）密闭式管道式反应器

重金属除杂工序采用硫化钠药剂，为避免酸性废水中 SO_2 和药剂发生反应时 H_2S 气体外逸，同时为了延长反应时间、提高反应效率，研究应用了一种密闭式管道式反应器。

管道式反应器（图 2-32 和图 2-33）以玻璃钢为主体材质，采用若干玻璃钢管道"U"形折回连接，从而形成一个单向连续的平推流反应体系。内设折流挡板以增加紊流程度和反应时间。根据实验研究，$30m^3/h$ 的酸性废水经过约 1min 的反应时间能够实现铜离子的完全反应，但现场试验是利用流体的流动进行反应的，在此基础上，将工程化装置所需的反应停留时间确定为 10min。在反应器内，硫化钠溶液与酸性废水在流动过程中充分接触反应，既保证了酸性水中砷和重金属离子的脱除效果，又解决了传统反应罐难以密封的难题。即使反应中产生硫化氢气体，也会通过硫化氢脱气装置吸收，避免了硫化氢气体外逸。管道式反应器制造简单、占地面积小、投资少。

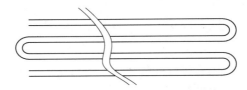

图 2-32　管道式反应器结构示意图

图 2-33　管道式反应器实图

（2）高效脱气塔

酸性废水中溶解有饱和 SO_2，在排放途径或者后续处理过程中，会挥发出来污染周围环境，同时也浪费了硫资源。酸性废水在排出净化系统前必须采用高效的脱吸工艺脱除并回收其中溶解的 SO_2，为实现这一目标，可应用高效酸性废水 SO_2 脱气塔。

　　两段式脱吸塔在正常运行过程中，利用烟气净化工序风机的抽力使系统产生负压，将空气从空气入口导入脱吸塔内，分别与填料和上方液体分布器均匀喷淋下来的含有 SO_2 的酸水逆流接触，从上向下的酸水流在填料中被分散成许多小股或水滴状，气液两相在液膜表面进行传质，从而使酸水中溶解的 SO_2 气体被脱出。脱除 SO_2 后的酸水从脱气塔底部排出，脱出的 SO_2 经过脱吸塔顶部出口的逆止翻板进入后续设备。新型脱气塔结构如图 2-34 所示。

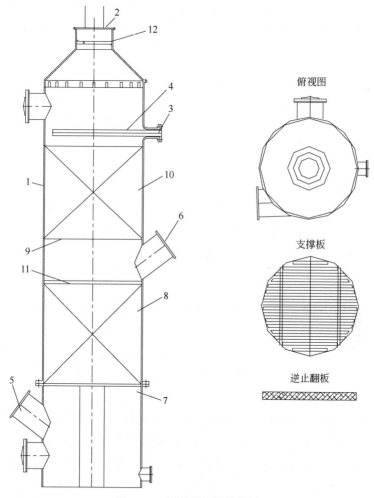

图 2-34　新型脱气塔结构图

1—脱气塔塔体；2—出气管；3—进液管；4—进液液体分布器；5—下空气进气管；6—上空气进气管；
7—下填料支撑板；8—填料；9—上填料支撑板；10—填料；11—液体分布器；12—逆止翻板

高效脱气塔特点：

　　① 填料层分为两段，气体进口设置上下两处，整体形成两级脱气工艺，使

气体和液体均可均匀分布，增大气液接触面积，脱气效率≥96%。

② 利用系统自身存在的负压提供动力，不需设置风机等动力设备，脱气后，二氧化硫直接进入系统进行配气，得以回收。

③ 在脱气塔的顶部应用逆止式单向翻板，在正常运行中脱除的 SO_2 烟气可以通过，一旦硫酸净化工序出现正压的异常情况，整个翻板自动关闭，防止净化工序的烟气从脱气塔反向顶出污染环境。

④ 气体进口设计为切线方向进气，上端出口设有气体分布板，布气均匀；采用多级管式分酸器和塔中部液体再分布器，提高酸水的均匀分布，避免壁流等现象。

4. 应用效果

硫化法去除重金属的技术工艺和设备在酸水治理中的应用，实现了酸水的高效除杂及重金属的有效回收，为废水的回用和达标排放提供了技术支撑。

（二）脱硫液综合利用

1. 钠碱法吸收液处理

钠碱法吸收运行过程中，主要利用烧碱与烟气中 SO_2 的反应来实现脱硫的目的，发生的化学反应如下：

$$2\ NaOH + SO_2 = Na_2SO_3 + H_2O$$

$$Na_2SO_3 + SO_2 + H_2O = 2\ NaHSO_3$$

要维持尾气吸收系统的连续稳定吸收，需要不断给吸收系统补充 NaOH，并使吸收液开路。吸收液的主要成分包括 Na_2SO_3、$NaHSO_3$、Na_2SO_4 等，各组分的浓度取决于工艺指标的控制。一般来讲，吸收液的 pH 值控制得越低，$NaHSO_3$ 含量越高；pH 值控制得越高，Na_2SO_3 含量越高；烟气中 SO_2 浓度越高，吸收液中 Na_2SO_3、$NaHSO_3$ 浓度越高。

硫酸尾气吸收液 pH 值一般控制在 6～7，Na_2SO_3、$NaHSO_3$ 的含量≤220g/L 不能直接作为冷结晶吸收液用，但有价成分含量较高。一旦尾气吸收的吸收液送入亚硫酸钠系统，必须按照一定的比例与原有吸收液或母液进行配比，降低 Na_2SO_4 浓度。工艺简图如图 2-35 所示。

2. 氧化镁法吸收液处理

目前，氧化镁法脱硫副产物 $MgSO_3$ 的常用处理方式：强制氧化法抛弃处理、一水硫酸镁（$MgSO_4 \cdot H_2O$）产品化处理和煅烧回用法。存在流程长、投资高、无工业化应用等缺点。

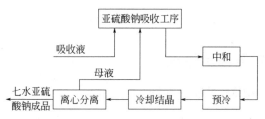

图 2-35 钠碱法吸收液生产亚硫酸钠的流程简图

而在冶炼烟气制酸过程中，随着酸水处理技术的不断升级，最终回用酸水中杂质含量超低，可与吸收液进行中和反应生成可溶性的 $MgSO_4$，其反应方程式如下：

$$MgSO_3 + H_2SO_4 \Longrightarrow MgSO_4 + H_2O + SO_2 \uparrow$$

将其应用于镁法脱硫中脱硫液的处理，实现以废治废，减少系统外排水量的目的。

来自脱硫系统的脱硫液与制酸系统悬浮过滤器的酸水清液进入中和反应器，在搅拌装置的作用下充分反应，生成含 $MgSO_4$ 溶液和 SO_2 气体的中和液，中和液通过输送泵被输送至脱气塔，溶有 SO_2 的中和液与脱气塔下部进入的空气逆流接触，气液两相在液膜表面进行传质，使溶解的 SO_2 被脱除，脱除的 SO_2 气体进入制酸系统进行制酸。脱气处理后的中和液回用至制酸系统作为补充水使用。见图 2-36。

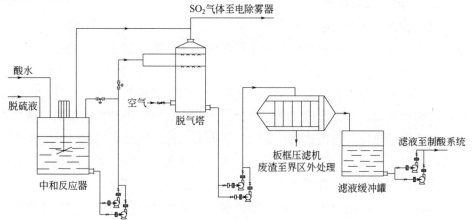

图 2-36 镁法吸收液中和反应工艺流程图

3. 应用效果

脱硫废液综合利用新工艺需要因地制宜、统筹考虑，就近进入制酸系统，中和酸性废水酸度，脱除的 SO_2 进入制酸系统制酸，解决了脱硫废液再治理的行业难题，实现了废液清洁治理和资源综合利用。

三、杂散烟气极简清洁治理

（一）杂散烟气国内外研发现状

1. 杂散烟气来源

随着高低浓度烟气混合后进入制酸系统，冶炼炉窑的主炉和配套转炉、电炉在保温期间的烟气和炉体放渣口、熔体入口、加料口、渣包、固定烟罩、旋转烟罩和炉后等部位逸散出的烟气，因气量大、浓度低（0～6%）的特点被统称为杂散烟气，杂散烟气无法进入制酸系统，经集气罩、烟管、环保风机等设备收集后进行集中处理。

杂散烟气治理主要存在几大难点：一是 SO_2 浓度波动大，峰值时超出常用脱硫工艺的适宜 SO_2 浓度范围，现有脱硫工艺难以适应；二是气量大，采用常规处理工艺，需建立多套系统和超大型化设备，投资较高，占地面积大，工艺和设备设计难度大；三是脱硫废液处理工艺流程长，运行成本较高，清洁经济治理难度大。目前国内环集烟气治理所采用的脱硫工艺种类繁多，综合对比经济性、脱硫效率、建设费用均各有利弊，尤其脱硫废液处理已成为制约瓶颈，清洁经济治理已成为行业追求的目标。

2. 国内外治理技术

（1）各种脱硫方法简介

烟气脱硫按照硫化物吸收剂及副产品的形态，脱硫技术可分为干法、半干法和湿法三种。干法脱硫工艺主要是利用固体吸收剂去除烟气中的 SO_2，因其脱硫效率低、设备庞大，并未得到广泛应用。湿法脱硫技术的特点是反应速度快，脱硫效率高，技术比较成熟，生产运行安全可靠，因此在众多的脱硫技术中始终居主导地位。运用比较广泛的工艺有石灰法（钙法）、氧化镁法(镁法)、氨法、钠碱法、活性焦法、有机胺法、离子液法等。目前世界上应用最广泛的是钙法，日本、德国、美国的火力发电厂约 90%采用此工艺，其次就是镁法。钙法和镁法两者均适合于大型的企业或装置，其中镁法更适合于中、小型的装置。各类方法使用的脱硫剂及优缺点见表 2-2。

通过对以上各种脱硫方法的比较，得出氧化镁法具有以下优势：脱硫效率较高，技术成熟，烟气适用范围较广，氧化镁价格比较低廉，建设一次投资费用不高。

表 2-2 各种脱硫方法对比

方法	脱硫剂	优点	缺点
石灰法	石灰石	脱硫率高，技术成熟，应用广泛，价格便宜	系统结构复杂，占地面积大，投资和运行费用较高；存在二次污染，不节能环保
钠碱法	烧碱	脱硫率高，适应范围广，工艺流程简单，占地面积小，投资较低	主要是废水量大，运行费用较高，硫资源回用率低
有机胺法	有机胺液	脱硫效率高，烟气适用范围广，国外应用广泛	工艺流程长，占地面积大，一次投资较大，运行费用较高；原料毒性大
氧化镁法	MgO	吸收效率高，运行成本低；原料丰富	占地面积较大，脱硫后产生的大量固体副产物亚硫酸镁需要资源化处理
柠檬酸钠吸收法	柠檬酸-柠檬酸钠	适应性宽，副产高浓度 SO_2	投资费用高，有一定的废水量，运行费用高，流程长，限制因素较多
活性焦脱硫	活性焦	流程短，适用性强，可脱除多种污染物；基本无三废的产生	适应弹性弱，运行过程中活性焦存在燃烧、爆炸的安全隐患；运行成本高，后期维护量大
离子液脱硫	有机阳离子、无机阴离子	脱硫率高，操作弹性大，适应范围宽，能耗低，系统操作简便，运行可靠性高；无二次污染	建设投资费用高，运行费用高，原料不易得，离子液是独家供应

（2）氧化镁脱硫工艺及存在问题

以某企业杂散烟气氧化镁法脱硫工艺为代表，工艺流程如图 2-37 所示：氧

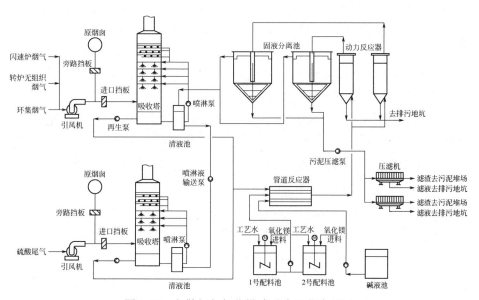

图 2-37 杂散烟气氧化镁法脱硫工艺流程图

化镁脱硫装置主要由烟风系统、烟气吸收系统、浆液配制系统、再生系统、污泥处理系统和外排水氧化处理系统六个部分组成。

杂散烟气进入吸收塔，经吸收剂吸收脱硫后达标排放，吸收液进再生系统，在管道反应器中与氧化镁浆液以 $w(NaOH)$ 30%的液碱在诱导结晶的条件下进行反应，再进入动力反应器进一步强化，亚硫酸镁晶粒和大颗粒杂质在动力反应器的底部分离出来，细小污泥通过固液分离将其除去，从而得到澄清的吸收液进入烟气吸收系统。污泥处理系统对污泥和杂质进行浓缩压滤，污泥去污泥堆场，滤液氧化成硫酸镁溶液后进行排放。

该工艺在脱硫前未进行干法除尘或湿法洗涤去除烟尘，导致后续工艺过程复杂，脱硫后净烟气温度降至45～55℃，易形成酸雾，造成烟道、风机的腐蚀和环境污染。脱硫废液再治理系统流程长，成本高，对环境造成影响，不能实现清洁治理。

（二）极简脱硫创新技术

1."烟道除尘-净化吸收-湿式电除雾"工艺

杂散烟气经环保风机增压后进入脱硫系统，利用氧化镁（85%）制成的浆液（15%～25%）对烟气中二氧化硫进行吸收。在脱硫塔内，烟气与喷淋管组喷出的氢氧化镁浆液逆流接触，发生传质、传热与吸收反应，烟气降温，烟尘被洗涤下来进入脱硫液中，烟气中的 SO_2 脱除；处理后的烟气经湿式电除尘器进一步除尘、水及 SO_3 气溶胶，达标烟气从脱硫塔顶部烟囱高空排放。脱硫后生成亚硫酸镁，利用氧化风机向塔内鼓入足够的空气，使脱硫塔内的亚硫酸镁充分转化成硫酸镁。经反应后达到一定浓度的硫酸镁浆液经排浆密度计检测，达到设定值时，自流到塔外的脱硫液储存池，再经泵送入制酸系统，与酸性废水中和后返回净化工序作为补充水回用。"净化-降温-脱硫-除雾"一体化工艺流程简图见图2-38。

相对传统工艺，新工艺很大程度地缩短了工艺流程，不单设净化、尾气换热器和脱硫液处理系统，无新的三废产生。在确保脱硫效率的同时节约了建设成本，提升了脱硫系统经济性。且脱硫生成物硫酸镁溶解度较高，不易造成管道堵塞，就近进入制酸系统，与酸水中和、脱除 SO_2 后返回制酸系统作为补充水回用，脱除的 SO_2 进入制酸系统制酸，解决了脱硫废液再治理的行业难题，可实现废液清洁治理和资源综合利用。

吸收塔系统为脱硫的核心部分，通过脱硫液pH、烟气流态、脱硫液雾化状

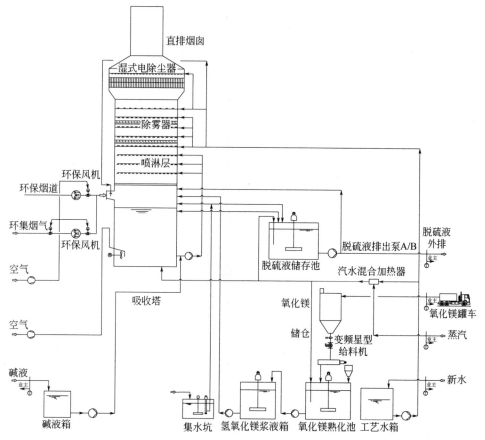

图 2-38 "净化-降温-脱硫-除雾"一体化工艺流程简图

态、液滴停留时间、液气比等重要因素的设计,脱硫塔采用高效的"空塔喷淋、烟塔合一"的结构,降低系统阻力,对多个功能区耦合,从下到上分为浆液循环槽、喷淋段、机械除雾段、电除尘段、排空段等部分。"吸收-除雾-排空"多功能脱硫塔结构图见图 2-39。

2. 均匀布气和液气比自调技术

（1）理论研究

按照气体流体力学的规律,塔内气体速度分布与圆管内速度分布原理一致,塔中心处的气体流速最大,塔壁处最小。脱硫塔内气体的速度分布曲线如图 2-40 所示,该速度曲线的特征参数与气体的流量、黏度、塔径等因素有关。

液气比是影响脱硫系统性能及经济性的一个重要参数。液气比的大小直接影响脱硫设备的投资和运行费用,如塔、泵、管道的投资及耗电量等,是湿法脱硫装置调节脱硫性能的重要手段。在一定范围内调节液气比可显著地影响脱

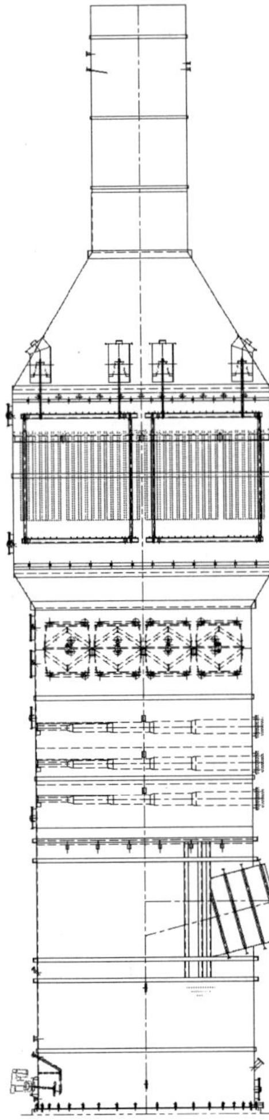

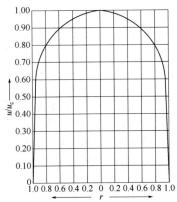

图 2-39   "吸收-除雾-排空"多功能脱硫塔结构图

图 2-40   脱硫塔塔内气体的速度分布曲线

硫效率（图 2-41）和吸收温度，当液气比增大时，液雾喷淋密度增加，相当于增大了传质单元数，在提高了脱硫效率的时候，由于烟气与大面积吸收液相接触，热湿交换程度提高，进入烟气中的水蒸气量增多，出口烟气温度降低。而在实际工程中，当液气比超过一定程度后，脱硫效率将不再有明显的提高，并且提高液气比将使浆液循环泵的流量增大，从而增加设备的投资和能耗及吸收剂的消耗，高液气比还会使吸收塔内的压力损失增大，增大风机能耗。因此，寻找最优布气装置和最佳的液气比是湿法脱硫装置调节脱硫性能的重要手段。

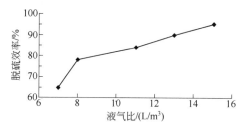

图 2-41　液气比对脱硫效率的影响曲线图

（2）高效均流布气装置

针对传统脱硫塔单侧进气和气速、塔径增大后气体分布不均的缺点，采用塔入口烟道环形布气装置和均流提效多孔塔盘，避免进塔气体的涡流、偏流及布气不均，使气体在塔内的初始分布和二次分布均匀，保证高气速下的脱硫效率。

均流提效多孔塔盘即利用一个开有若干孔的圆板对塔内烟气进行截流，对塔内烟气原有的流动状态产生强制干扰，优化塔内气体的分布。由于塔内各点气速不同，因此沿塔径向方向不同位置开孔的大小也不相等，高气速区域开孔小、低气速区域开孔大。均流提效多孔塔盘结构示意图和实物图见图 2-42。

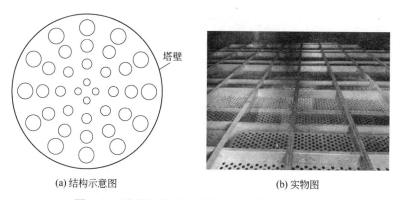

(a) 结构示意图　　　　　　　　(b) 实物图

图 2-42　均流提效多孔塔盘结构示意图和实物图

　　在塔内喷淋层下方设一层塔盘，当气体由下而上、液体由上而下进行接触传质时，为使气液充分接触、提高其接触面、增加传质效果，在立式塔器中装多块塔板，在塔中充分接触后再气液分离，达到液体能最大效率地吸收的目的。增设前后的气流分布效果比较明显。

　　（3）液气比自动调节技术

　　脱除同样量 SO_2 氧化镁的用量是碳酸钙的 70%，氧化镁液气比在 $10L/m^3$ 以下，低于石灰石法（$15L/m^3$）。在脱硫塔内设多层喷淋层，设置多台循环泵，一台泵对应一层喷淋，如此配置使烟气分布均匀，浆液雾化更充分，同截面下雾滴重叠率更高，延长了气液接触时间，从而保证了脱硫效率。正常工况下运行 1～2 层喷淋层，SO_2 浓度达到峰值时，多层喷淋层全开。喷淋层布置详见图 2-43 和图 2-44。

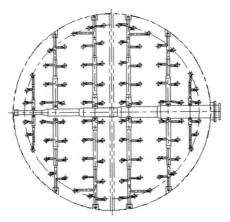

图 2-43　喷淋管的平面图

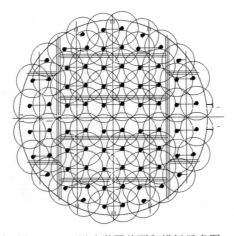

图 2-44　三层喷淋覆盖面积模拟示意图

每层喷淋层相互交叉，层与层之间喷淋母管轴线夹角约 20°，喷淋覆盖率达 200%以上，避免烟气串气。避免局部高温，保证塔内所有位置气体达到饱和。塔周边采用 90°高效实心喷嘴，其余采用 90°空心喷嘴，液滴平均直径 2000μm，具有气/液接触充分、脱硫率更高、液气比更低的特点。喷淋层间距不仅考虑到满足性能要求，而且充分考虑到便于工作人员进入吸收塔对浆液分配管网及喷嘴进行检修和维护。

该设备系统在运行中具有一定的灵活性，可以在满足环保要求的前提下，有针对性地进行脱硫、除尘，适度调节变频泵，通过改变液气比和加药量，实现液气比的实时调整，同时保证了系统运行的经济性和脱硫性能指标。

3．曝气氧化-悬浮脉冲防结垢一体化系统

脱硫塔浆液区为 20%左右的氢氧化镁浆液，脱硫的一次产物以微溶的 $MgSO_3$ 为主。脱硫浆液含固量较高，且 $MgSO_3$ 多以结晶的固体颗粒状态存在，容易导致系统的结垢、磨损和堵塞。脱硫浆液在吸收塔浆液池中需要得到充分的搅拌混合，以免在吸收塔底部发生固体沉积现象。

曝气氧化-悬浮脉冲搅拌防结垢系统由曝气氧化装置和悬浮脉冲搅拌装置组成，详见图 2-45。通过曝气氧化装置将易结晶的亚硫酸镁充分转化成易溶的硫酸镁，改变浆液的成分和物料性质；氧化空气喷出时形成的旋流，增强了对浆液的搅拌效果，可大大降低脱硫塔内结垢的概率。悬浮脉冲搅拌装置通过射流在吸收塔底部引起搅动，使浆液中固体物悬浮不沉积，搅拌更充分，弥补传统侧入式机械搅拌的不足，可解决脱硫塔内易堵塞、浆液易沉淀等技术难题。

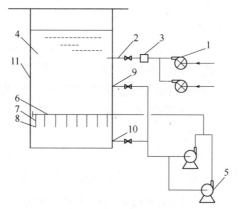

图 2-45 曝气氧化-悬浮脉冲搅拌防结垢系统示意图

1—氧化风机；2—氧化空气喷管；3—喷枪；4—曝气氧化管；5—悬浮脉冲泵；
6—脉冲悬浮主管；7—脉冲悬浮支管；8—脉冲悬浮喷嘴；
9—高位吸入口；10—低位吸入口；11—塔体

（1）曝气氧化装置

曝气氧化装置包含氧化风机、氧化空气喷管、曝气氧化主管、曝气氧化支管等。氧化风机通过氧化空气喷管上的喷枪向塔内鼓入足够的空气，使吸收塔内的微溶的亚硫酸镁充分转化成易溶的硫酸镁。氧化空气喷管可通过手动截止阀控制开启或阻断，当位于隔离状态时，通过开启手动截止阀对喷枪进行冲洗；当吸收塔排放时和当吸收塔停运后重新启动时都特别要求清洗氧化空气喷管。曝气氧化主管置于塔内浆液层中部，曝气氧化支管通过法兰与主管连接，以方便拆卸。曝气支管末端设为弯头形式，支管末端曝气口处设有大小头，控制气体流速在 $10\sim20m/s$，以控制氧化空气喷出时形成旋流，增强对浆液的搅拌效果。

（2）悬浮脉冲搅拌装置

悬浮脉冲搅拌装置包括悬浮脉冲泵、脉冲悬浮管道、脉冲悬浮喷嘴等。脱硫吸收塔浆液池的塔壁上分别设有上吸入口和下吸入口，上吸入口位于吸收塔的浆池中部，下吸入口位于浆池下部，靠近塔底。上吸入口和下吸入口通过管道分别与脉冲悬浮泵吸入口连通，泵的排出口与脉冲悬浮管道连通，脉冲悬浮管的主管和支管上均匀布置多个脉冲悬浮喷嘴，喷嘴选用空心锥碳化硅喷嘴，数量为 $0.04\sim0.08$ 个$/m^2$，均垂直朝向脱硫吸收塔塔底。当浆液垂直向下高速喷出时，引起塔底固体沉积物强烈扰动，浆液的搅拌混合更加均匀，且脉冲悬浮管的主管和支管的顶端均设置有脉冲悬浮喷嘴，避免了浆液在管道末端发生堵塞，延长了设备的使用寿命，保证了脱硫系统的正常工作。

脉冲悬浮泵为耐腐蚀渣浆泵，待吸收塔内浆液静置一段时间后，浆液中的固体悬浮物会沉积在吸收塔底部，当脉冲悬浮泵启动时，浆液池中的上层浆液经由上吸入口被泵入脉冲悬浮泵中，然后经过脉冲悬浮管道进入脱硫吸收塔内，从脉冲悬浮喷嘴高速喷出，喷出的浆液池上层清液冲击搅拌塔底的沉淀，使塔底沉淀处于悬浮状态。此过程持续运行 10min 后，脉冲悬浮泵切换至由下吸入口抽取浆液，经脉冲悬浮管道由脉冲悬浮喷嘴喷出，喷出的浆液池底部的呈悬浮状态的沉淀与浆液池中部的浆液充分撞击，混合得更加彻底，保证了浆液池内浆液性质的稳定。

该曝气氧化-悬浮脉冲搅拌系统的优点如下：①以双吸入口设计进行浆液混合，加入反应池内的新鲜浆液可以得到连续而均匀的混合，保障浆液池底无沉积死角；②有利于降低吸收剂化学计量比，尤其对直径较大的吸收塔，浆液混合效果好；③脉冲悬浮泵于脱硫吸收塔外部独立设置，开停便宜，不需要配备保安电源，运行电耗低；可快速启动且启动负荷小，设备使用寿命长；④搅拌系统的转动部件均位于吸收塔外，运维量小且方便。

4. 单塔双液吸收技术

结合杂散烟气气量大、浓度波动大的特点，可采用单塔双液吸收塔工艺，即单台脱硫塔"氧化镁浆液＋氢氧化钠"双液吸收技术（图 2-46）。

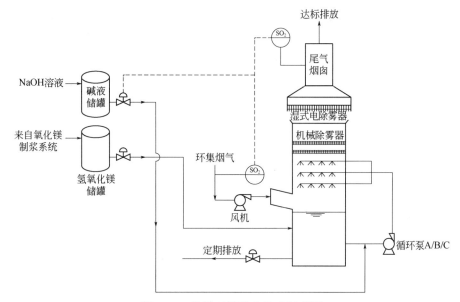

图 2-46 单塔双液吸收技术示意图

在正常生产时段内，烟气中二氧化硫浓度较低，采用制备好的氢氧化镁浆液对烟气进行脱硫，在吸收过程中 pH 值逐渐下降，通过定期的排脱硫液，补充部分新鲜的氢氧化镁浆液使脱硫塔内循环液具有较高的活性。

在异常状况时，脱硫塔入口二氧化硫浓度值明显上升，且脱硫塔内 pH 值急剧下降，此时启动双液吸收系统。脱硫塔入口的浓度值与氢氧化钠进液泵出口的自动阀门联锁，当浓度值超过设定值时，氢氧化钠进液泵出口阀门自动开启，分别向正在运行的循环泵入口管道处加入氢氧化钠溶液，以提高脱硫循环液的 pH 值。正常生产时，氢氧化钠进液泵在储罐内进行自循环。

单塔双液吸收技术减少了设备投资，占地面积小，且整套工艺的流程缩短。采用联锁的方式使氢氧化钠能够在短时间内进入浆液循环系统，能够有效使"氧化镁浆液＋氢氧化钠"双液脱硫性能迅速提升，实现了尾气全时段稳定达标的目的。

（三）技术应用效果

从杂散烟气治理的经济性和清洁性入手，对脱硫工艺、脱硫液治理工艺和塔体结构等进行创新，简化工艺流程，降低设备投资，实现脱硫废液综合利用，脱硫率达 95%以上，可实现冶炼炉窑杂散烟气全时段达标排放，具有显著的环境效益和社会效益。该技术为冶炼炉窑杂散烟气达标治理提供了新思路，对低浓度 SO_2 烟气治理行业具有指导借鉴意义，具有广泛的行业推广应用价值。

第三章 设备效能的提升

设备运行效能是衡量系统作业效率,实现系统安全稳定运行、工艺技术、匹配的关键参数。在化工生产领域,设备种类多,非标设备结构复杂,设备与工艺、生产关联度高,设备创新升级已成为实现匹配联动运行的重中之重。近几年,因为冶炼企业原料发生较大变化,冶炼烟气成分严重影响设备运行的安全性及稳定性,只有在对设备运行全面掌握的基础上,通过对设备结构的优化,调整运行参数,完善匹配性能,才能满足工艺技术与设备的有机匹配,实现设备的高效能服务。

本章结合冶炼烟气治理系统内存在气液两相接触分布不均匀、高温强腐蚀介质对设备的影响等问题,从设备的耐用介质、内部结构及分流动力等方面进行研究,创新形成了一整套设备性能提升技术,有效实现了与系统生产的高效匹配,满足了原料条件变化后的性能提升要求。

第一节 填料塔中心进气和双层多孔截流布气装置的研发

冶炼烟气制酸系统中填料塔的作用是对烟气进行降温和除尘,烟气从塔下部的侧壁入口烟气管道进入,在填料层中与喷淋酸逆流接触实现传质与传热。其基本结构如图 3-1 所示。

如图 3-1 所示,填料塔进气结构一般采用侧壁进气,侧壁进气结构简单、施工及检修方便,但其效率较低,历年来,许多设备制造及使用单位,为提高传质、传热效率,尝试了直管进气、直管向下开口进气、直管下接弯管进气和塔底上进气等方式,但收效甚微,尤其是随着制酸系统越来越大型化,侧壁进气的缺点越发明显,主要表现为:第一,系统采用的单侧进气方式具有不对称性,塔径增加后填料层下方的端效应(偏流、涡流现象)明显,影响气体初始分布均匀;第二,大塔径条件下气体在塔内的分布会表现出较大的"中效应",

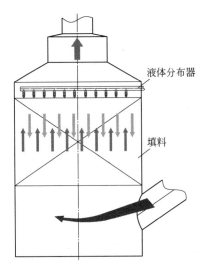

图 3-1　传统填料塔的结构形式

即塔中心区气量多、环塔壁区气量少，将造成效率的下降。

　　同时，由于进气初始分布不均的问题给塔内二次布气带来了极大的困难，在塔内过分地截流布气会造成局部气速过大而引起液泛。因此，气体的初始分布和塔内二次分布同样重要，且相互影响，只有初始气体分布均匀，才能更进一步地实现塔内二次分布均匀，最大限度地提高填料塔的运行效率。

　　为此，针对常规填料塔气体分布不均的缺点，尤其是大直径填料塔初始布气不均带来的低传热、洗涤效率的问题，开发了一种内筒式中心进气和双级多孔截流布气相结合的两级布气装置，避免进塔气体的涡流、偏流及布气不均，使气体在塔内的分布均匀，填料塔效率可提高约 20%～35%。

一、初始布气——内筒式中心进气结构的设计

1. 空塔气速的模拟研究

　　利用某制酸系统三台直管进气的塔径分别为 3m、5.5m、7m 的填料塔进行了气体空塔速度分布的模拟实验，对塔内径向方向不同位置的 a、b、c、d、e、f、g、h、i 等 9 个点的空塔气速进行了测定（图 3-2），结果见表 3-1。

　　从数据可以直观看出，各塔沿径向方向的气速均不对称，靠近烟气入口一侧的气体流速高于背向烟气入口一侧的流速，且随着塔径的增大，图中 A 侧区域的气速下降趋势加剧。对三塔的气速分布不均匀度 M 进行了计算，结果分别为 0.69、0.81 和 0.87。由不均匀度公式可知，M 越小，分布性能越好。由此可以得出如下结论：采用侧壁进气结构，随着塔径的增加气体分布均匀程度逐渐变差。

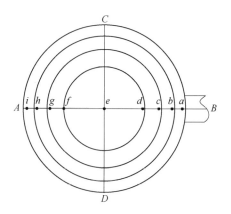

图 3-2　三塔空塔气速模拟实验

表 3-1　三塔空塔气速模拟实验

塔径	气速/(m/s)								
	a	b	c	d	e	f	g	h	i
3m	0.8	0.85	1.0	1.25	1.25	1.1	0.95	0.75	0.5
5.5m	0.73	0.75	1.05	1.25	1.3	1.15	0.95	0.7	0.45
7m	0.65	0.75	1.1	1.3	1.5	1.15	0.9	0.6	0.3

以上为空塔模拟实验的结论，而资料显示，相同气速下，在同一塔截面处，气液两相混合进料时不均匀度要比单相的空塔时大。分析其原因，一方面雾沫夹带中大量的液滴占据了部分气体流动空间，使气体的区域分布不均匀；另一方面，气液界面之间的作用力也加大了气体局部的速度梯度，两者的共同作用使得气液混合进料的不均匀度比单相进料时偏大。对某一填料塔分别以气液混合和气体单相进料时的不同塔截面的气速分布不均匀度进行了测定，结果如图3-3所示（液气比为 1∶1 时，进口气速为 42m/s）。

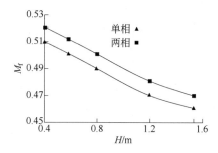

图 3-3　两种进料方式下的气体分布不均匀度比较

从图 3-3 可以看出，气液两相真实环境下气体分布的不均匀程度比空塔模拟的更高，传质、传热效率更低。

2. 内筒式中心进气结构的设计

内筒式中心进气装置不同于侧壁进气结构，采用一根 FRP 圆筒贯穿于洗涤塔中央，将烟气从塔顶直接引入塔体中下部，并经筒体下部均匀分布的四个椭圆孔进入塔内，使烟气从下部中心位置向四周辐射布气，实现气体的初始分布，如图 3-4 所示。

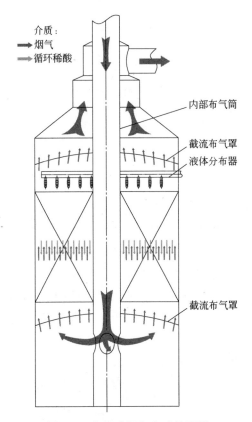

图 3-4　内筒式进气方式的配置

内筒式布气装置上部承插于塔顶，下部支撑固定于塔底，中下部设有气体出口。该内筒布气装置与传统的塔底上进气筒相比，具有以下优点：

（1）不需将塔体架起，也不需采用锥底结构，避免了与塔底的贯通，减少了设备泄漏点和检修工作量；

（2）筒体的气体出口有四个，呈对称分布，能起到导流作用，和单孔气体出口相比，气体分布较为均匀，为塔内气体二次分布创造条件。

二、二次布气——双级多孔截流布气罩的开发

按照气体流体力学的规律，塔中心处的气体流速最大，塔壁处最小。塔内气体的速度分布曲线如图 3-5 所示，该速度曲线的特征参数与气体的流量、黏度、塔径等因素有关。

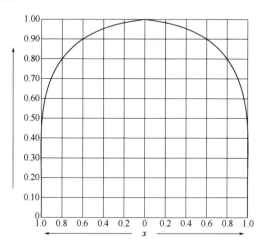

图 3-5　洗涤塔内气体的速度分布曲线

双级多孔截流布气罩的设计思路就是利用一个开有若干孔的圆板对塔内烟气进行截流，以期对塔内烟气原有的流动状态产生强制干扰，优化塔内气体的分布。由于塔内各点气速不同，因此沿塔径向方向不同位置开孔的大小也不相等，高气速区域开孔小、低气速区域开孔大。

按照以上原则，研究人员将某 ϕ 9500mm 填料塔的气体分布区域划分为 4 个等宽的圆环形区域，由内至外依次标识为 a 区、b 区、c 区和 d 区，如图 3-6 所示。并在不同的区域，开孔面积不同。

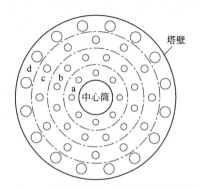

图 3-6　多孔截流布气罩结构示意图

理论上讲，在各区域布气孔总面积一定的气体下，开孔数量越多布气效果越理想，实际过程中出于加工制作的方便和布气装置强度的要求，各区域只能取有限数量个布气孔。经过模拟研究将 a、b、c、d 区域的布气孔数量分别取为8、12、12、16。因此各区域单个布气孔的直径分别为：

$$D_a = \sqrt{\frac{S_a}{8 \times 0.785}} = \sqrt{\frac{0.73}{8 \times 0.785}} = 0.34 \text{(m)}$$

$$D_b = \sqrt{\frac{S_b}{12 \times 0.785}} = \sqrt{\frac{1.26}{12 \times 0.785}} = 0.37 \text{(m)}$$

$$D_c = \sqrt{\frac{S_c}{12 \times 0.785}} = \sqrt{\frac{1.74}{12 \times 0.785}} = 0.43 \text{(m)}$$

$$D_d = \sqrt{\frac{S_d}{16 \times 0.785}} = \sqrt{\frac{4.9}{16 \times 0.785}} = 0.62 \text{(m)}$$

多孔截流布气罩结构如图 3-6 和图 3-7 所示。实际应用中，为了增大布气板的强度，将布气板沿气流方向凸起，形成罩状。更为重要的一点，本装置采用双层，即在气体进填料层和出填料层处各设一层布气罩，在很大程度上减少了气体分布的端效应，确保了塔内传热、传质的效率。

图 3-7   双级多孔截流布气罩实物图

三、应用效果

内筒式中心进气和双层多孔截流布气、双级多孔截流布气结构的应用，使气体在塔内形成初始布气及二次布气的两级布气，使布气更加均匀，极大地提高了填料塔的效率。该设计在某制酸系统三台烟气净化塔中的应用，取得了理想的效果，妥善解决了填料塔气体分布问题，其工艺指标如表 3-2 所示。尤其是在大型填料塔的应用中效果显著，系统除尘率达到 99.8%以上，净化出口烟气温度控制在 34℃以内，保证了烟气除尘降温的效果。

表 3-2 某制酸系统净化工序主要技术指标

序号	技术指标	数值
1	进入硫酸系统烟气量/(m³/h)	300000
2	其中 SO₂ 浓度/%	9.01
3	进入硫酸净化系统烟气温度/℃	280
4	净化入口烟气含尘/(g/m³)	1.0
5	出硫酸净化系统烟气温度/℃	≤34
6	净化出口烟气含尘/(g/m³)	≤0.002
7	净化率/%	99

第二节 大型转化器环道布气结构的研发

硫酸生产中转化器的主要作用是在催化剂的作用下将二氧化硫转化为三氧化硫,转化效率的高低受催化剂活性、布气温度等诸多因素的影响。而布气结构的设计是布气是否均匀的关键,目前转化器进气结构主要有以下几种,不同进气方式下气体流场分布如图 3-8 所示。

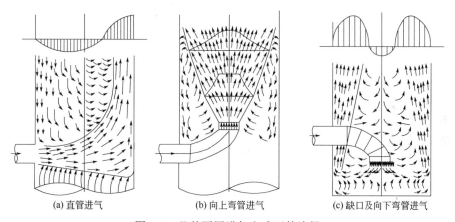

(a) 直管进气   (b) 向上弯管进气   (c) 缺口及向下弯管进气

图 3-8 几种不同进气方式下的流场

图 3-8 中,(a) 为直管进气,气流从进气口流出后冲向前方塔壁,然后沿塔壁向上,故前方塔壁区的气速较大,且在进口附近易形成涡流;(b) 为向上弯管进气,气体从进气口流出口从中心位置向上,塔中心位置气速较大,塔壁气速降低,易形成滞留区;(c) 为缺口及向下弯管进气,气体从进气口进入塔中心下部区域,气体与塔底进行碰撞分散,分散后的气体再向上折射,受进口弯管影响,塔中心位置气量较小,而且该进气结构对塔径的限制性较大,对于大直径转化器而言,其布气效果不甚理想。

同时，随着硫酸工业的发展，硫酸设备越来越趋向于大型化，使得单设备处理烟气量上升，目前单设备最大处理气量已达到 $3.0 \times 10^5 m^3/h$，转化器直径达到 15m，若仍然仅仅只是采用圆形或椭圆形管进气，而不将气体进行二次分布，会造成转化器内局部气速过大吹翻催化剂，而在进口管对侧则几乎没有气体经过，造成催化剂效率下降，使得转化器的转化率远低于设计值。

由于转化器一般有四层甚至四层以上的转化层数，气体进出口很多，无法在进气结构上做彻底改善，因此需考虑在塔内实现进气分布，环流布气是目前国内外研究的方向，实用效果显著，但环流布气依然受到转化器内部催化剂、箅子板、支撑梁、膨胀板等附件的影响，不能最大限度地提高布气均匀度，为此，基于塔内环流布气原理，研发了环道辐射性气体分布装置，最大限度地避免了塔内附件对流场的影响，提高了布气均匀度。

一、环流进气分布装置的研究

环流进气是目前布气较为合理的一种布气结构。美国格罗奇（Gihch）公司的专利技术——切向环流进气分布器（图 3-9）就是典型实例，该气体分布装置压降低（≤15Pa），缺点是中心部位气量较大，而塔壁区气量很小，需另外在其上部增设气体导流器、环隙气体能道及盘式气体分布板等。

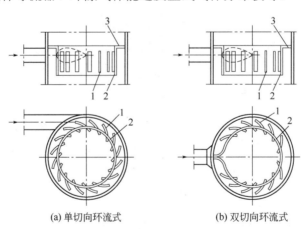

(a) 单切向环流式　　　　　(b) 双切向环流式

图 3-9　切向环流进气分布器

1—倒流叶片；2—内筒；3—环板

目前国内针对单腔进气结构气体分布不均匀（尤其在大直径塔内）的问题，研制出的气体分布器归结有 4 种形式：环形单管式多腔气体分布器（图 3-10）、环形排管式多腔气体分布器、辐射单管式多腔气体分布器（图 3-11）以及环形双列叶片式多腔气体分布器（图 3-12）。

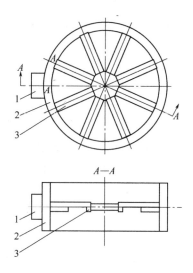

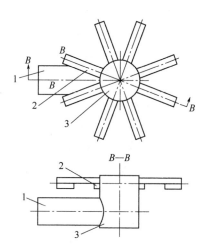

图 3-10　环形单管式多腔气体分布器

1—进气口；2—环形气体分布装置；
3—单管式腔体分布单元

图 3-11　辐射单管式多腔气体分布器

1—进气口；2—辐射气体分布装置；
3—单管式腔体分布单元

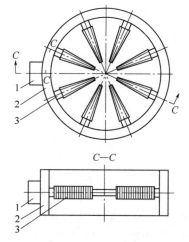

图 3-12　环形双列叶片式多腔气体分布器

1—进口气管；2—环形气体分布装置；3—双列叶片式腔体分布单元

　　上述 4 种不同腔体分布装置上均有进气口和环流气体分布装置，气体分布装置内侧设有不同的气体腔体分布单元，然后由分布单元通过不同方式将气体均匀送入塔内，这些装置采用常规的材料与制作工艺均可制成，制作后可使塔内气体分布更加均匀，而其压力降同其他进气结构相差不大，紧随其后的多腔气体分布结构是气体均匀分布的又一保证，因而其性能明显优于其他进气分布装置。但在实际设计过程中发现，由于转化器内部各层有催化剂、箅子板以及支撑算子板的立柱等辅助设施较多,设计布气装置阻碍较大,所有的布气单元均需绕开立柱,施工难度大。

二、环道辐射型气体分布装置的研发

　　环道辐射型转化器布气装置是基于环流布气理论研发设计的,按照气体分布要求,将原来设计的一层一个气体出口改为每层设置一个环道辐射布气装置,变单级出口为多级变联出口。由转化器壳体、烟气布气通道以及导流管组成,烟气布气通道是由转化器壳体上部顶角的边部顶盖板、壳体上部顶角的侧壁板和上边与壳体上盖固接、下边与壳体顶部侧壁固接的断面为外凸状圆弧状环形布气板形成的环状布气通道管。环状布气通道的截断面的面积以位于转换器烟气进气管入口处截面积为最大,沿转换器壳体顶角部随环状布气通道对称延伸,其布气通道的截面逐渐减小;烟气进口处相对处的布气通道的截面为最小,呈辐射对称状。环道各处截面积的确定依据是:使布气通道能随气体流过导流管后压力损失和流量变化,改变通道面积,使得进入的烟气在环道形成相近相等的内压力,保证各处出口速度相等。设计时将转化器各段催化剂上表面假想分为各个区域,并将每圈烟气导向喷嘴的安装方向对准分管区域的圆环心,使四圈导流管内吹出的气体分别均匀分布于各个区域内,并按照所分管区域面积大小确定每圈导流管的管数,确保所有导流管内流出的气体气速相等。为避免布气通道与设备筒体焊接造成的热应力,在转化器壳体顶盖上设有两凸起的圈型膨胀圈。

　　具体实施方式是:凸状圆弧状环形布气板为弧形板,其断面可为 1/4 的椭圆,按照进入布气装置的气体流量以及合适的气速(取 20m/s)确定该椭圆的面积,以布气通道与转化器筒体连接的部分作为椭圆的短半轴,短半轴的长度为从顶盖到进气口下边缘的长度,以此确定长半轴的长度,确定好长、短半轴的长度后,计算出二者的比例关系,之后的长短半轴的比例关系保持不变,再由流量及气速以及长短半轴的比例关系确定后续弧形板的大小。弧形板焊接在筒体与顶盖上,在弧形板上开有小孔,整体呈牛角形结构。

　　烟气导向喷嘴为两端敞口形管道,管道一端焊接在布气板上的小孔上,另一端敞开。并对准分管区域的圆环心,按照分管区域的大小计算出该圈导流管应流过的气体流量,再设定流过导流管的最佳流速(实验后取与牛角形分布板内相当流速即 20m/s),计算出每一圈导流管的数量,安装后使四圈导流管内吹出的气体分别均匀分布于四个区域内,并按照所分管区域面积大小确定每圈导流管的管数,确保所有导流管内流出的气体气速相等。如图 3-13 和图 3-14 所示。

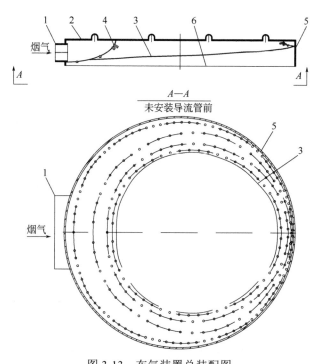

图 3-13 布气装置总装配图

1—烟气入口管；2—各段转化器顶盖；3—布气板；4—导流管；5—筒体；6—催化剂上表面

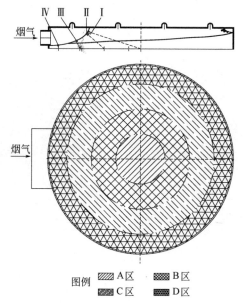

图 3-14 气体进入转化器分布图

设计完成后，为验证环道型布气装置的布气效果，我们对此进行了实验模拟。数据如表 3-3 所示。

表 3-3   流出布气通道导流管到达转化器各点的气速

风机风量：10000m³/h								
点数	1	2	3	4	5	6	7	8	9
点气速/(m/s)	11.1	11.1	11.4	11.2	10.9	11.2	10.8	10.5	11.0
点数	10	11	12	13	14	15	16	17	18
点气速/(m/s)	11.1	10.5	11.2	11.0	10.9	10.9	11.2	11.4	11.1

由表 3-3 中的数据可以看出，导流管安装的疏密程度是影响转换器内催化剂层上气速的关键，且在最外圈由于距离催化剂层的距离短，设置导流管会将催化剂吹起，故取消该圈的导流管，直接开孔即可。

三、应用效果

转化器环道辐射布气装置在国内某大型制酸系统中得到应用。设计时首先按照气流量设计好布气板，并开好安装烟气导向喷嘴的小孔（开工时可能会存在孔间距太小或相邻两孔相互重合的现象，需将开孔分为两排间距施工，且在气体管入口处孔间距调大，对应面处间距适当调小），将其焊接于转化器本体的筒体与各段的顶盖上，并用角钢做焊缝加强；在布气板外侧 3m 间距用角钢加强；安装导流管，并将导流管的敞口端对准催化剂上表面分片区域的圆环心。布气装置实物如图 3-15、图 3-16 所示。

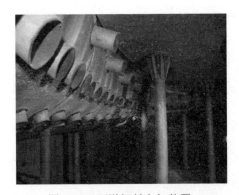 

图 3-15   环道辐射布气装置   图 3-16   布气装置施工

环道辐射布气型转化器的开发，对有效提高设备运行效率和烟气转化率、实现系统达产达标起到积极的作用，同时也为其他硫酸企业扫除了"盲点"，为烟气转化系统设备的大型化提供了思路。

第三节　干吸塔布气及支撑一体化结构的设计

干吸塔是典型的填料塔，是气液两相的传质设备，其布气原理同样适用于上文提到的中心进气与塔内多孔截流布气的装置，但由于干吸塔内传质介质具有高温、强腐蚀的特殊性，材质选型、施工难度、工程造价等因素的限制，无法实现中心进气和截流布气，因此，对于干吸塔布气主要依据塔外管道进气实现，同时要避免进气管道与塔壁结合区域的酸雾腐蚀。目前采用的进气方式主要有以下两种方式，如图 3-17、图 3-18 所示。

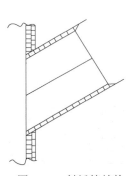

图 3-17　斜插管结构

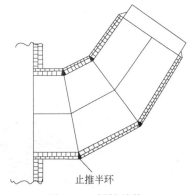

止推半环

图 3-18　折管结构

图 3-17 为斜插管结构，气体进入塔体下部，有利于气体的均匀分布，且斜插结构不会造成接管位置积酸，不易引起接管位置的腐蚀，但斜管结构的设计使塔高增加，增加了制造成本，尤其是大直径干吸塔，塔高的增加给检修作业带来较大的安全风险。

图 3-18 为折管结构，虽然降低了塔体总高，但气体平行进入塔体，塔中心区域气量较大，但四周气流场分布不均匀，效率下降。

此外，由于干吸塔内部高温浓酸介质的特殊性，塔内附件，尤其是填料支撑大梁的材质选择困难较大，目前制酸行业中主要采用瓷条梁和合金铸钢两种材质，在实际使用过程中，瓷条梁结构寿命相对较长，某制酸系统瓷条梁已安全使用 12 年之久，未发生任何腐蚀迹象。

鉴于以上两方面的原因，通过对进气结构的研究和填料支撑材质及方式的研究，综合考虑制造成本、布气均匀以及检修风险，研发了干吸塔布气和填料支撑的一体化结构。

一、干吸塔布气及填料支撑一体化结构的研发

1. 对冲式双进气口的设计

对干吸塔进气结构的具体要求是：气体能分布均匀，流动阻力小，占用空间较小，结构简单。解决气体分布不均的正确方法是，将气体进口速度头与压降进行比较，选择合适的进气管尺寸，尽量减少气体的分布不均。为此，设计开发了折管双进口对冲式的进气结构，并在直管段设置了一个止推半环，降低了塔体高度，减少了设备投资。图3-19为双侧进口的气流流场，从该图可看出两股气流会在塔中心发生冲撞，利用冲撞和与塔内构件及塔体的折流将气流尽可能分布均匀，为塔内布气与支撑一体化结构的设计创造了有利的条件。

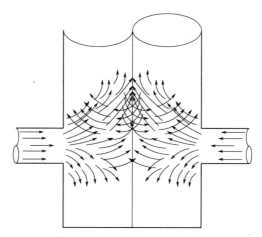

图 3-19　直管进口的气流流场

2. 分流布气及支撑一体化结构设计

干吸塔填料支撑一般由合金格栅、支撑梁及立柱三部分组成，目前国内应用比较成熟的为合金箅子板、瓷条梁、合金立柱（瓷砖包覆）组合，其合金格栅开孔率大于70%，可保证填料层阻力均匀。但根据塔径的不同，支撑立柱的结构略有不同，在小直径干吸塔的设计中一般采用单立柱支撑，瓷条梁的跨度较小，支撑结构的强度足以支撑填料和塔内持液量的载荷，但在大直径干吸塔内，其对冲式进气管进入的气体流场被破坏，塔内中心位置气量降低，对冲力度不足，气体分布效果降低。

为进一步提高对冲气体流场的冲击作用，在大直径干吸塔内设计三根立柱，三根立柱呈正三角形布置，且立柱中心所处圆的圆心与塔中心重叠。

如图 3-20 所示，气体从两个对冲型入口平行进入塔内，在三个立柱表面进行碰撞，气体折向塔壁在两个进气口对冲的作用下形成环流流场，使中心立柱外侧气体分布均匀；同时部分环流气体围绕立柱进入塔中心区域，使三个立柱围成的三个分布区域均匀地进入环流气体，最终实现塔内气体的均匀分布，同时三个立柱的设计降低了大直径干吸塔瓷条梁的跨距，支撑结构更加稳固可靠。

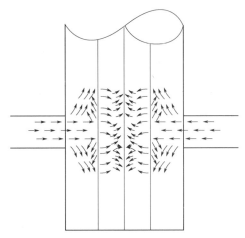

图 3-20　三柱支撑的气体流场

二、应用效果

该干吸塔气体分布与支撑一体化结构的设计在国内某大型制酸系统中得到实际应用，实物如图 3-21 所示。由于设备选型大，烟气量大，且塔内未增设布气板，三柱支撑结构的中心筒兼有改变气流方向的作用，从两个烟气接管对流

图 3-21　三柱支撑环型大梁、合金格栅填料支撑结构图

进入的烟气，除大部分自冲撞外，其余部分烟气撞到 3 个中心筒上被反射到塔内壁，3 个中心筒起到了分流作用，使塔内布气更加均匀，塔内气流分布无盲区，从而提高了塔的运行效率。

第四节　耐高温酸雾腐蚀的复合型逆喷管的研发

逆喷管是动力波洗涤塔的核心组件，高温烟气自上而下进入逆喷管，循环泵内循环液通过泵进入逆喷管喷头自下而上喷射，与高温含尘气体逆向碰撞，形成具有高效传热、传质作用的湍动泡沫区，在泡沫区气体与循环液的接触面连续及迅速地更新，在气液两相密切的接触过程中，完成洗涤、冷却、除尘的作用，其基本结构如图 3-22 所示。

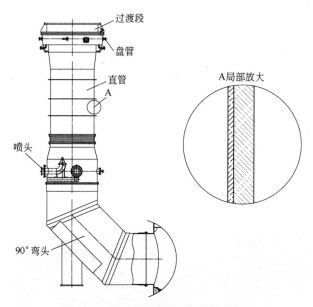

图 3-22　逆喷管内衬合金结构示意图

逆喷管面临最大的难度为高温稀酸腐蚀，高温稀酸的腐蚀主要是高温含尘气体在洗涤、冷却过程中高温气体与稀酸接触引起的化学腐蚀，高温稀酸的腐蚀更胜于高温浓酸的腐蚀，且逆喷管普遍直径大、安装高度高(一般安装高度约30m)、检修周期长，因此逆喷管的抗腐蚀性能显得尤为重要。国内制酸行业中，针对逆喷管的防腐方式较多，有钢衬耐酸胶泥、钢衬哈氏合金、玻璃钢等，但使用效果均不甚理想，其中钢衬合金的逆喷管使用寿命相对较高，但价格昂贵，且重量较大，给检修带来一定困难，为此，通过对不同耐腐蚀材质复合性能的研究，研发了玻璃钢内衬哈氏合金逆喷管，这种管道具有密度小、强度大、成本低、安装方便以及对所输送的介质没有二次污染等优点，解决了高温稀酸的腐蚀问题，并降低了制造及维护费用。

一、玻璃钢内衬合金逆喷管的研发

1. 玻璃钢与哈氏合金 G30 的复合原理

玻璃钢内衬哈氏合金 G30 管道是以玻璃钢为基体，以耐高温、耐稀酸腐蚀的哈氏合金 G30 为内衬的管道。它既充分利用了玻璃钢的优良机械性能，又利用了哈氏合金 G30 本身优异的耐高温、耐腐蚀性能，因而是在含高温腐蚀性气体及液体的环境中应用的理想管道。但树脂固化收缩、管壁限制等原因在内衬中产生了很大的内应力，严重影响着内衬的安全使用。为了对内衬的质量进行控制，下面就其应力分布进行了简单分析。

（1）力学模型

玻璃钢衬合金管道直管内衬的应力主要由两个方面组成，其一为管件在服役过程中由于内压而产生的应力，其二为内衬和玻璃钢管壁之间由于黏结而产生的黏结应力，这样直管内衬应力模型可以简化为内外受外力的哈氏合金 G30 圆筒。内衬应力简化模型图如图 3-23 所示，其中 p_1 和 p_2 分别为内衬内、外壁上所受到的外力。

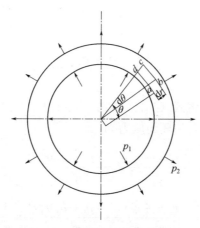

图 3-23　内衬应力简化模型图

以半径为 r 和 $r+dr$ 的两个相邻的圆柱面和夹角 $d\theta$ 径向面，在内衬筒体中取出受力微元 $abcd$，见图 3-24。由于变形对圆筒轴线是对称的，筒内各点沿半

径方向的位移 u 只与半径 r 有关，而与 θ 无关。变形后，单元体 ad 边位移到 $a'd'$，由此求得环向应力为：

$$\varepsilon_\theta = \frac{(r+u)\mathrm{d}u - r\mathrm{d}\theta}{\mathrm{d}r} = \frac{u}{r} \tag{3-1}$$

径向应力：

$$\varepsilon_\theta = \frac{\mathrm{d}r + (u+\mathrm{d}u) - u - \mathrm{d}r}{\mathrm{d}r} = \frac{\mathrm{d}u}{\mathrm{d}r} \tag{3-2}$$

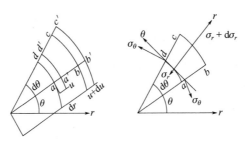

图 3-24　内衬微元受力图

因为内衬为轴对称，则径向应力和环向应力即仅为 r 的函数，且内部无任何剪切应力存在，因此存在以下应力平衡条件：

$$(\sigma_r + \mathrm{d}\sigma_r)(r+\mathrm{d}r)\mathrm{d}\theta - \sigma_r r\mathrm{d}\theta - 2\sigma_\theta \mathrm{d}r\frac{\theta}{2} = 0 \tag{3-3}$$

整理、简化上式，可得：

$$\frac{\mathrm{d}\sigma_r}{\mathrm{d}r} + \frac{\sigma_r - \sigma_\theta}{r} = 0 \tag{3-4}$$

在线弹性情况下，将式（3-1）～式（3-3）与广义胡克定律联立，代入边界条件，整理后得到径向和环向应力为：

$$\sigma_r = \frac{r_a^2 p_1 + r_b^2 p_2}{r_b^2 - r_a^2} - \frac{(p_1 + p_2)r_a^2 r_b^2}{r_b^2 - r_a^2} \times \frac{1}{r^2} \tag{3-5}$$

$$\sigma_\theta = \frac{r_a^2 p_1 + r_b^2 p_2}{r_b^2 - r_a^2} + \frac{(p_1 + p_2)r_a^2 r_b^2}{r_b^2 - r_a^2} \times \frac{1}{r^2} \tag{3-6}$$

（2）应力分析讨论

① 玻璃钢和合金内壁黏结问题　由以上分析可以知道，p_2 为合金内衬和玻璃钢内壁之间黏结而产生的黏结应力，它的大小直接反映了合金内衬和玻璃钢

内壁结合力的大小。对 σ_r 和 σ_θ 分别就 p_2 取导数，则：

$$(\sigma_r)'p_2 = \frac{r_b^2}{r_b^2 - r_a^2}\left(1 - \frac{r_b^2}{r^2}\right) \tag{3-7}$$

$$(\sigma_\theta)'p_2 = \frac{r_a^2}{r_b^2 - r_a^2}\left(1 + \frac{r_b^2}{r^2}\right) \tag{3-8}$$

如图 3-25 所示，σ_r 和 σ_θ 对 p_2 的一阶导数均大于零，且随着 r 的增大其增长速率均变小，这说明随着黏结效果的改善，内衬中的内部应力相应随之增大，只不过它们的增长速率逐渐变小，因此复合管道在保证不至于脱落的一定黏结强度的基础上，不应该过分强调材料黏结效果的改善以免引起管道内衬存在过高的应力。

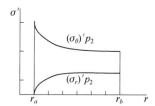

图 3-25　内应力与结合力导数关系图

② 工作状态影响　对式（3-5）、式（3-6）进行变换，可得：

$$\sigma_r = \frac{r_b^2 p_2}{r_b^2 - r_a^2}\left(1 - \frac{r_a^2}{r^2}\right) + \frac{r_b^2 p_1}{r_b^2 - r_a^2}\left(1 - \frac{r_b^2}{r^2}\right) \tag{3-9}$$

$$\sigma_\theta = \frac{r_b^2 p_2}{r_b^2 - r_a^2}\left(1 + \frac{r_a^2}{r^2}\right) + \frac{r_b^2 p_1}{r_b^2 - r_a^2}\left(1 + \frac{r_b^2}{r^2}\right) \tag{3-10}$$

由式（3-9）、式（3-10）两式可以看出内压力 p_1 和 σ_r 与 σ_θ 的关系如图 3-26 所示。

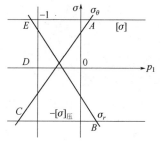

图 3-26　内压力-应力关系图

以内衬材料的许用拉压应力做出许用区域范围可以看出，最大工作压力 p_1 为 σ_θ 与[σ]线交点 A 和 σ_r 与[σ]线交点 B 中的小者，最大负压为 σ_θ 与-[σ]压线交点 C 和 σ_r 与-[σ]压线与[α]线交点 E 以及-1kg 中的大者，也即是当为正压操作时，为最小（A，B），当为负压操作时，为最大（C，D，E）。由图可知，随着操作压力从负压到正压的逐渐改变，径向应力 σ_r 逐渐减小，直至变成压应力，而环向应力 σ_θ 则由原来可能的压应力改变成为拉应力，同时其应力值也随着操作压力 p_1 的升高而线性升高。

③ 温度影响　当复合管道服役时，由于服役温度的改变，内衬上将产生温度应力。由于所采用合金的膨胀系数要比玻璃钢管的膨胀系数稍小，可以认为玻璃钢管为刚体，所以温度改变而产生的膨胀或收缩只能由内衬本身的协调变形来实现，即相当于在内衬外侧施加一外力。参考以上推导模型，则模型简化为黏结应力叠加一稳定的温度应力 σ_T（假设内衬上温度梯度不大），即当服役温度高于环境温度时，相当于黏结应力 p_2 减小，当服役温度低于环境温度时，相当于黏结应力 p_2 增大。由于所采用玻璃钢的线胀系数与合金钢的线胀系数相近（在 20～100℃之间，哈氏合金 G30 的线胀系数为 15.9×10^{-6}m/℃，玻璃钢的线胀系数为 17×10^{-6}m/℃），因此在玻璃钢与合金基体处因为温度变化产生的应力不会太大。

2. 玻璃钢内衬 G30 哈氏合金施工设计

通过对玻璃钢与 G30 哈氏合金复合原理的研究，在逆喷管的结构设计中主要是考虑玻璃钢固化黏结应力对强度的影响。一般情况下，玻璃钢管道内衬哈氏合金 G30 的厚度为 2.5mm，外包玻璃钢厚度为 30mm，作为结构层，为了保护法兰部分玻璃钢层免受腐蚀，内衬的哈氏合金 G30 在连接法兰处做翻边处理，同时在最顶部管道的上端面做翻边处理，其结构示意图见图 3-27。

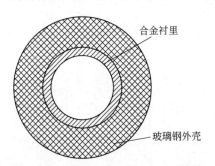

图 3-27　玻璃钢内衬合金结构示意图

由于玻璃钢的固化收缩导致在基体处会产生黏结应力，为了避免由黏结时的应力引起的变形，在设计中采取了如下措施，来协调这部分因黏结产生的应力：

① 在哈氏合金 G30 内衬圆筒的外表面顺着圆弧方向点焊同材质的弧状翅片，长度约 100mm，宽度约 10mm，厚 2.5mm，外层 FRP 缠绕时弧状翅片嵌入其中，以增加内外层的接触面积，增加联结强度。

② 在哈氏合金 G30 与 FRP 接触的表面涂刷界面剂陶氏 8084，此界面剂为弹性体双酚 A 树脂，延伸率高达 10%～20%，在两者之间起到一个补偿器的作用，可大大消除因膨胀系数不一致而产生的应力。

另外，加强层 FRP 的树脂采用帝斯曼公司生产的 430 号环氧甲基丙烯酸乙烯基树脂，此种树脂具有拉伸度和弯曲强度高的特点，保证了管道的强度和刚度。管道最外部为胶衣层，厚度约为 1mm，在正常情况下，颜色可使用长达 10 年不褪色。

二、应用效果

玻璃钢内衬哈氏合金复合逆喷管在国内某制酸系统中用作复合型逆喷管已安全运行 8 年之久，未发生腐蚀现象。该设计在确保设备洗涤除尘效率的基础上，延长了逆喷管使用寿命，减小了检修频次，而且降低了维护检修费用。需要注意的是该设计施工要求较高，尤其是玻璃钢包覆施工时务必严格遵守施工规范，把好质量关。

第五节　大型高温浓酸液下泵的研发

在制酸系统的干吸工序中，利用高温浓硫酸液下泵将高温浓硫酸输送至塔内完成对 SO_2 的干燥以及 SO_3 的吸收。目前国内制酸行业中使用的高温浓酸腐蚀液下泵大多由嘉禾泵业或大连耐酸泵厂制造生产，其设计难点主要包括以下几个方面：

① 过流部件材质的选择　泵体过流部件长期经受高温、浓酸的腐蚀，出液管在气液接触面部位还需经受酸雾的长期腐蚀。就单纯的材质选择而言，国内制造商的材质从目前看已经完全能够适应工况要求，尤其是嘉禾泵业自主研发的 JSB 系列材质，耐腐蚀性能良好。

② 出液管结构设计　由于酸雾的腐蚀，泵出液管与泵底板连接的结构设计是国内高温浓酸泵生产制造的瓶颈问题，常规设计是在出液管管口位置加工螺纹，将出液管靠螺纹拧紧在泵底板上，对于小流量的浓酸泵而言，其出液管直

径较小，螺纹连接强度足以支撑出口管道的运行负荷，但对于大型浓酸泵而言，螺纹连接强度不足以支撑出液管负荷，容易造成出液管螺栓螺纹损坏，引起设备故障，如图 3-28 所示。

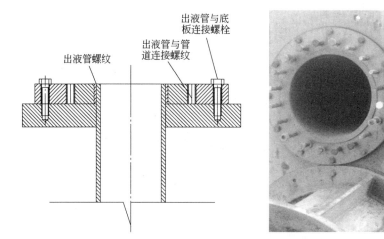

图 3-28　常规出液管结构及实物图

此外，由于出液管螺纹连接的密封性能较差，酸雾容易进入螺纹间隙而腐蚀螺纹，给设备运行带来潜在设计隐患。目前，国内高温浓酸液下泵由于出液管结构的限制，设计最大上酸量为 1600m³/h，对于大型制酸系统而言，只能采用进口高温浓酸液下泵，如德国费亚泰克公司生产的大型高温浓酸液下泵，但进口设备价格昂贵，备件周期长。

③ 泵轴轴系设计　高温浓酸泵泵轴长期浸泡在高温浓酸介质里面，无法在下部位置设计轴承支撑结构，只能考虑自润滑的轴套、衬套结构，尤其是大型高温浓酸液下泵，其轴长较长、液下深度大，轴系设计就显得尤为重要。

针对以上技术难题，通过对出液管接管的双止口、长轴轴系等结构的改进，研发出一种大型高温浓酸液下泵，使大型制酸系统不再依赖进口泵，降低了成本，保证了检修周期。

一、大型高温浓酸液下泵的结构设计

1. 材质选择

根据以往小流量国产泵使用经验，对嘉禾泵业自主研发的 JSB 材质进行腐蚀性实验，实验结果如图 3-29 所示，从实验结果看 JSB 材质在高温浓酸中的腐蚀速率为 0.1~0.3mm/a，完全满足要求。因此，大型高温浓酸液下泵泵体、泵盖、弯管、出液管、吸入管等过流部件的材质均采用嘉禾泵业自主研发的 JSB 材质。

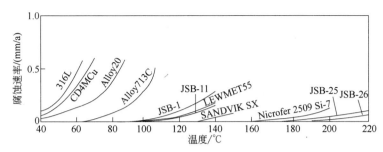

图 3-29　JSB-1 材质在高温浓酸中的腐蚀速率

由图中可以看出，JSB 材质在 120℃时腐蚀率为 0.1mm/a，140℃时腐蚀率为 0.4mm/a，耐腐蚀区间为 96%～99%，完全能满足生产的要求。

另外，对于叶轮、轴套及衬套采用奥氏体不锈钢合金材料，具有良好的耐腐蚀、耐磨蚀性能和良好的铸造加工性能。经过时效硬化处理使其表面硬度从布氏硬度 225 上升到布氏硬度 500，作为轴套、衬套是一对非常理想的摩擦副，作为叶轮、密封环具有较强的抗磨蚀和耐冲刷性能，在高温（小于 140℃）浓硫酸环境中腐蚀量为 0.025mm/a。

2. 结构设计

（1）泵出液口与底板连接结构研究

大流量液下泵出口管道较大，2400m³/h 液下泵出口管道达到 *DN*600，若采用常规出液口连接方式（图 3-28），管道振动、出液量的载重等对泵出液口螺纹连接部位的刚度要求较高，运行过程中出液口连接螺纹损坏引起设备振动，故障频繁。

针对大型高温浓酸液下泵设计的出液管结构（图 3-30），其出液管整体铸造成型，底板上下设计止口，底部止口与底板下底面用密封垫密封，上止口将出液口法兰镶嵌于底板内，并在出液管管口外壁加工外螺纹，并与压紧法兰拧紧。其优点主要体现在：

① 下止口的设计，将出液管及外部管道的重量作用于下止口上，避免螺纹承重引起的螺纹损坏。

② 上止口的设计，将出液管接口法兰嵌入底板止口中，设备组装时对上止口面进行找平，然后在止口面涂抹密封胶，将出液管法兰拧紧于止口面上，用紧固螺栓固定底板与出液管法兰，可确保出液管始终保持与泵轴平行，而且紧固螺栓仅仅是起到紧固底板与出液管法兰的作用，不起承重作用，长期运转不易变形。

③ 下止口位置密封垫的设计，杜绝了循环槽内酸雾进入出液管与出液管法兰间隙，将酸雾完全密封在槽体内，不会对出液管管口螺纹造成腐蚀，提高了连接可靠性。

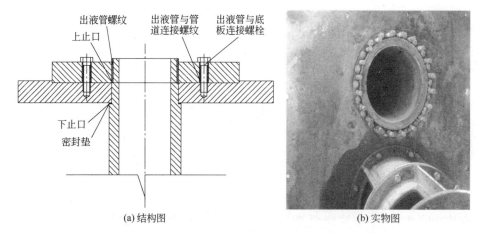

(a) 结构图   (b) 实物图

图 3-30   大型高温浓酸液下泵出液管结构图及实物图

（2）长泵轴刚度及支撑研究

在传统设计中，对于长泵轴的设计国内制造商一般设计为两节轴，中间用卡扣进行连接，但在使用过程中由于卡扣松动或腐蚀，引起泵体振动，故障率高。为确保泵轴刚度及稳定性，采用耐酸合金铸钢将泵轴整体铸造成型，放大泵轴直径，增加电机功率，确保泵轴刚度。

泵轴支撑为三处支撑，上轴承采用 SKF 成对双联角接触球轴承安装，使一对轴承的外圈相对，即宽端面对宽端面，窄端面对窄端面。这样既可避免引起附加轴向力，又可在两个方向使轴或外壳限制在轴向游隙范围内。因其内外圈的滚道可在水平轴线上有相对位移，所以可以同时承受径向负荷和轴向负荷——联合负荷(单列角接触球轴承只能承受单方向轴向负荷，因此一般都采用成对安装)。下轴承采用滑动轴承设计，即轴套、衬套设计，浓硫酸自润滑。

二、应用效果

某制酸系统中高温浓酸液下泵设计流量为 2400m³/h，插入深度为 2500mm，项目建设初期，由于国内制造商无法满足工艺要求，采购了德国进口设备。但由于进口设备备件、维护的局限性，已替代为本文中研发的大型国产泵，目前已安全运行 3 年，其设备运行指标与原进口设备相当，有效保障了生产系统的长周期安全稳定运行。

第六节　高温腐蚀性气体换热设备中膨胀节的选用

在石油化工装置管道系统的设计中，管道的柔性程度与管道自身的直径、壁厚、管道走向有关。一般地，利用管道自身的柔性来吸收管道系统由热胀冷缩引起的变形。依据 GB 151—2014，在换热器管板的计算中，当壳体和换热管的轴向应力 σ_c、换热管的轴向应力 σ_t、换热管与管板之间连接拉脱力 q 中有一个不能满足强度校核条件，而适当增加壳体或换热管的壁厚无效时，应当设置膨胀节。

膨胀节习惯上也叫伸缩节，或波纹管补偿器，是用以利用波纹管补偿器、膨胀节的弹性元素的有效伸缩变形来吸收管线、导管或容器由热胀冷缩等原因而产生的尺寸变化的一种补偿装置，属于一种补偿元件。膨胀节的结构型式较多，一般有 U 形膨胀节、Ω 形膨胀节、S 形膨胀节等。

在高温腐蚀性介质存在的换热设备中，设备的开停车、工艺控制温度的变化以及季节的变化，均会引起设备在不同环境下膨胀量的不同，再加上腐蚀性介质的存在,膨胀节的设计选用务必要满足不同环境不同操作工况下的膨胀量。

一、不同结构膨胀节的研究

1．U 形膨胀节

U 形膨胀节具有较好的耐压能力和补偿能力，属于通用波形，当补偿量要求特别大时，采用此种波形的多层结构是最理想的。U 形波纹管示意图见图 3-31。

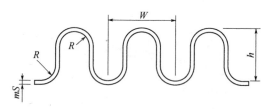

图 3-31　U 形波纹管示意图

mS 表示波壁名义厚度

（1）U 形膨胀节的疲劳寿命

膨胀节的疲劳性能是产品质量的关键指标。疲劳寿命受各种因素的影响，如操作压力、操作温度、波纹管材料、每波的位移、波节距、波高、波形、波纹管的厚度、热处理等。

根据有限元分析结果，在内压载荷与轴向位移载荷的共同作用下，波纹管波峰的内表面与波谷的外表面（结构中沿波壳经向的曲率最大处)应力水平最高，尤其是当压缩位移达到最大时，上述部位的应力已经超过了材料在室温状态下的屈服极限进入了塑性状态，是波纹管的疲劳寿命。图3-32为危险点的经向应力-应变关系曲线，可以看出，波纹管经历 5 个完整的拉-压循环载荷过程已基本趋于稳定。

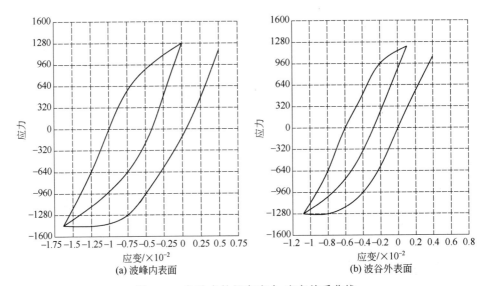

图 3-32   危险点的经向应力-应变关系曲线

由于波纹管局部发生了塑性大变形，属于低循环疲劳问题，因此应通过材料的 $\Delta\varepsilon\text{-}N_f$ 曲线估算其疲劳寿命。根据带有平均应力修正的 Manson -Coffin 公式：

$$\frac{\Delta\xi}{2}=\frac{\sigma'_f-\sigma_m}{E}(2N_f)^b+\xi'_f(2N_f)^c \tag{3-11}$$

式中 σ'_f ——疲劳强度系数；

        ξ'_f ——疲劳延性系数；

        σ_m ——循环中的平均应力；

        b ——疲劳强度指数；

        c ——疲劳延性指数。

室温下材料疲劳性能参数可以通过四点关联法,利用材料的静拉伸性能（抗拉强度 σ_b、弹性模量 E、真实断裂延性 ξ_f 和真实断裂强度 σ_f）来近似估算：

$$b = -\left[0.083 + 0.1661\lg\left(\frac{\sigma_{\mathrm{f}}}{\sigma_{\mathrm{b}}}\right)\right] \tag{3-12}$$

$$c = -\left\{0.52 + 0.25\lg(\xi_{\mathrm{f}}) - \frac{1}{3}\left[1 - 81.8\frac{\sigma_{\mathrm{b}}}{E}\left(\frac{\sigma_{\mathrm{f}}}{\sigma_{\mathrm{b}}}\right)^{0.179}\right]\right\} \tag{3-13}$$

$$\sigma'_{\mathrm{f}} = \frac{9}{4}\sigma_{\mathrm{b}}\left(\frac{\sigma_{\mathrm{f}}}{\sigma_{\mathrm{b}}}\right)^{0.9} \tag{3-14}$$

$$\xi'_{\mathrm{f}} = 0.413\xi_{\mathrm{f}}\left[1 - 82\frac{\sigma_{\mathrm{b}}}{E}\left(\frac{\sigma_{\mathrm{f}}}{\sigma_{\mathrm{b}}}\right)^{0.179}\right]^{-\frac{1}{3}} \tag{3-15}$$

不同层数波纹管的疲劳寿命见表 3-4。结果分析表明，在同样的工况下，不同的结构参数对波纹管的应力状态和疲劳寿命的长短产生不同程度的影响。对于给定的结构条件，波纹管的外形参数(包括总厚度、波数以及半径等)与所承受的循环载荷（轴向位移补偿量）一般都是确定的，而波纹管的层数 m 是可以根据设计要求进行选取的。假设在内压 p=0.5MPa 作用下，从不同层数波纹管的疲劳寿命计算结果可以看出，当 m 由 1 增加到 4 时，结构的疲劳寿命会显著上升。这是由于在总厚度相同的条件下，波纹管的层数越多，刚度越低，结构越容易发生变形，因而在相等的位移载荷下，其应力应变水平降低，疲劳寿命随之增加。因此，在结构外形参数与载荷条件一定的情况下，增加波纹管层数可以有效地提高结构的疲劳寿命，延长服役时间。

表 3-4 不同层数波纹管的疲劳寿命

层数	管壁厚度	疲劳寿命（循环次数）		
		波峰内表面	波谷外表面	取两危险点的最小值
m=1	均匀	160	100	100
	减薄	120	80	80
m=2	均匀	340	1180	340
	减薄	280	810	280
m=4	均匀	35000	4930	4930
	减薄	9860	3440	3440

管壁厚度的均匀程度也是影响波纹管疲劳寿命的重要因素之一。由于工艺水平的原因，实际工程中波纹管的断面壁厚往往是不均匀的，一般认为厚度的变化以波峰和波谷之间的中间过渡段作为基准，波峰减薄最多，波谷减薄较少。壁厚减薄会引起波纹管应力增加，刚度下降，因此在疲劳寿命分析中，不能忽

略壁厚减薄效应带来的影响。假设波峰厚度减薄20%，波谷厚度减薄15%，厚度值保持连续变化。由于壁厚减薄效应的影响，波纹管危险区域的应力水平上升，应变范围增大，疲劳寿命缩短了近15%～30%。由此可见，波纹管壁厚的不均匀性对疲劳寿命的影响十分显著。

波纹管在工作时，管道内壁一般作用有均布的内压力。在单纯的内压工况下，弹性区内结构的最大等效应力与内压力之间存在着线性的比例关系，各层之间的相对滑移很小，并且贴合较好，不易发生脱离，在波壳上的各种应力成分中以经向弯曲应力和经向薄膜应力为主。而当波纹管同时受到内压载荷与轴向位移载荷的作用时，结构的应力状态发生了显著的变化，波壳上的应力成分与内压工况不再相同，结构局部进入了塑性，最大应力与内压力之间不再存在简单的比例关系，内压大小对最大应力的影响不明显。

图3-33为波纹管总厚度一定，层数分别为m=1、2、4时的内压力与疲劳寿命关系曲线。根据弹塑性有限元的计算结果，在组合工况下，当内压增大时，由轴向和经向薄膜应力引起的弹性和塑性应变幅都会随之增加，再根据应变-寿命关系曲线可以得出，波纹管的疲劳寿命随着内压力的增加而下降。需要注意的是，在一定的边界条件或外部载荷作用下，当波纹管的内压达到某一临界值（临界载荷）后，若继续增加小量的载荷将会导致波纹管的位移产生巨大变化，致使结构失稳。

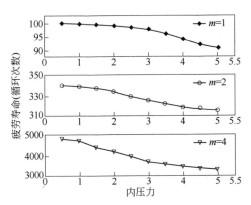

图3-33　内压力-疲劳寿命关系曲线

由上面的论述可以看出，当波纹管总厚度一定时，疲劳寿命随着层数的增多而增加；壁厚的不均匀性对波纹管的疲劳寿命有较大的影响；当波纹管的各结构参数保持不变时，增加管道内壁力会导致结构疲劳寿命下降，当内压超过临界载荷时，结构会出现失稳现象。

（2）U形膨胀节的耐压强度

根据波纹管应力计算公式：

$$\sigma_1 = \frac{ES^2\delta}{2h^3 C_f} \qquad (3\text{-}16)$$

$$\sigma_2 = \frac{5ES\delta}{3h^2 C_d} \qquad (3\text{-}17)$$

式中　　δ——补偿量；

　　C_f，C_d——结构系数；

　　　　σ_1——由伸缩变形产生的径向薄膜应力；

　　　　σ_2——由伸缩变形产生的径向弯曲应力；

　　　　E——材料的弹性模量；

　　　　S——1 个波距上承压波纹管横截面积；

　　　　h——波高。

采用同样方法比较可得：

$$\sigma_{1\text{多}} = \frac{1}{Z^2}\sigma_{1\text{单}}, \quad \sigma_{2\text{多}} = \frac{1}{Z}\sigma_{2\text{单}}$$

式中，S 为波纹管的层数。由于 σ_1 和 σ_2 基本上代表了波纹管的主应力，故多层波纹管的应力大致只相当于单层的 $1/Z$ 左右。

综合刚度与应力的差别可知，多层波纹管的内应力在伸缩位移相同的情况下，只有单层管的 $1/Z$，或在应力相同的情况下，其伸缩位移可以是单层的 Z 倍。一般 $Z=3\sim10$，故应采用多层波纹管制作膨胀节。在补偿量较小的场合，如果主要为了减震和便于安装，可采用单层波纹结构。而多层波纹膨胀节本身具有较好的防震效果，方便安装，使用寿命长，因此在大多数场合，特别是热力管道上是最佳选择。

2. Ω 形膨胀节

Ω 形膨胀节由于其自身的几何特点，在内压作用下，弯曲应力较小，不容易发生平面失稳，因而特别适用于高压力、小变形、大口径管道的场合，Ω 形膨胀节示意图见图 3-34。

按照 GB/T 12777—2008 中的"C-4.2.3 Ω 形波纹管的设计公式"，可以计算波纹管能承受的内压（即允许内压）。以某制酸系统膨胀节为例：D_b=6.89m，膨胀节直边段内直径；D_m=7.09m，膨胀节波纹的平均直径；t=0.0065m，单层膨胀节壁厚；L_k=0.05m，膨胀节开口量；L_{bt}=0.52m，膨胀节相邻两个波中心的距离；h_c=0.21m，外侧加强环的高度；L_c=0.1m，外侧加强环的宽度；R=0.1m，膨胀节大 Ω 形膨胀节波的内半径；t_c=0.09m，内侧加强环的厚度；r=0.03m，膨胀节倒角小波的内半径；L_{bc}=0.21m，相邻两个外侧加强环中心线的距离；

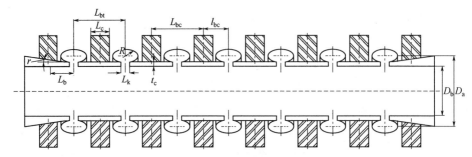

图 3-34 Ω 形膨胀节示意图

l_{bc}=0.15m，外侧加强环中心线与相邻的膨胀节波中心的离；L_b=0.6m，膨胀节直边段到第一个波中心的距离。

根据公式：

① 内压在波纹管直边段中所产生的周向薄膜应力：

$$S_1 = \frac{p(D_b + nt)^2 L_w E_b}{2[ntL_w(D_b + nt)E_b + D_c E_c A_t]} \leqslant C_{wb}S_{ab} \tag{3-18}$$

② 内压在套箍中所产生的周向薄膜应力：

$$S_1' = \frac{pD_c^2 L_w E_c}{2[ntL_w(D_b + nt)E_b + D_c E_c A_t]} \leqslant C_{wc}S_{ac} \tag{3-19}$$

③ 内压在波纹管中所产生的周向薄膜应力：

$$S_2 = \frac{p_r}{2nt_p} \leqslant C_{wb}S_{ab} \tag{3-20}$$

④ 内压在波纹管中所产生的周向薄膜应力：

$$S_2' = \frac{p_r}{2nt_p}\left(\frac{D_m - r}{D_m - 2r}\right) \leqslant S_{ab} \tag{3-21}$$

由以上各式整理可得：

$$p_1 \leqslant \frac{C_{wb}S_{ab} \times 2[ntL_w(D_b + nt)E_b + D_c E_c A_t]}{(D_b + nt)^2 L_w E_b} \tag{3-22}$$

$$p_1' \leqslant \frac{C_{wc}S_{ac} \times 2[ntL_w(D_b + nt)E_b + D_c E_c A_t]}{D_c^2 L_w E_c} \tag{3-23}$$

$$p_2 \leqslant \frac{C_{wb}S_{ab} \times 2nt_p}{r} \tag{3-24}$$

$$p_2' \leqslant \frac{S_{\text{ab}} \times 2nt_{\text{p}}}{r\left(\dfrac{D_{\text{m}} - r}{D_{\text{m}} - 2r}\right)} \qquad (3\text{-}25)$$

p_1、p_1'、p_2、p_2' 中的最小值即是常规设计中膨胀节能承受的最大内压。

式中　C_{w}——根据相关规范而确定的纵向焊缝有效系数，下标 b、c 分别表示
　　　　　波纹管和增强套箍的材料（$C_{\text{wb}} = C_{\text{wc}} = 1$）；

　　　　S_{a}——按适当规范而确定的、在设计温度下材料的许用应力，下标 b、c
　　　　　分别表示波纹管和增强套箍的材料，膨胀节材料为 0Cr18Ni9 不
　　　　　锈钢，增强套箍材料为 16MnR，所以取 $S_{\text{ab}} = 137\text{MPa}$，$S_{\text{ac}} = 170\text{MPa}$；

　　　　n——多层波纹管中厚度为 t 的材料层数，$n = 1$；

　　　　t——波纹管单层材料的公称厚度，$t = 0.0065\text{m}$；

　　　　L_{w}——Ω 形波纹管两端连接焊缝的间距，$L_{\text{w}} = 2l_{\text{b}} + (n-1)l_{\text{b}}t = 0.6$（m）；

　　　　D_{b}——波纹管直边段和波纹的内直径，$D_{\text{b}} = 6.89\text{m}$；

　　　　E——材料在设计温度下的弹性模量，$E_{\text{b}} = E_{\text{c}} = 2 \times 10^5\text{MPa}$；

　　　　t_{c}——直边段增强套箍的厚度，$t_{\text{c}} = 0.09\text{m}$；

　　　　D_{c}——波纹管直边段增强套箍的平均直径，$D_{\text{c}} = D_{\text{b}} + 2nt + t_{\text{c}} = 6.993\text{m}$；

　　　　A_{t}——波纹管所有增强套箍横截面的金属面积，$A_{\text{t}} \approx 0.24\text{m}^2$；

　　　　t_{p}——波纹管中单层材料的实际厚度，$t_{\text{p}} = t\sqrt{\dfrac{D_{\text{b}}}{D_{\text{m}}}} = 0.0064076658\text{m}$；

　　　　r——Ω 形波纹管波纹的平均半径，$r = R + \dfrac{nt}{2} = 0.10325\text{m}$；

　　　　D_{m}——Ω 形波纹管波纹的平均直径，$D_{\text{m}} = 7.09\text{m}$；

$$p_1 \leqslant \frac{C_{\text{wb}}S_{\text{ab}} \times 2[ntL_{\text{w}}(D_{\text{b}} + nt)E_{\text{b}} + D_{\text{c}}E_{\text{c}}A_{\text{t}}]}{(D_{\text{b}} + nt)^2 L_{\text{w}}E_{\text{b}}} = 16.1975\text{MPa}；$$

$$p_1' \leqslant \frac{C_{\text{wc}}S_{\text{ac}} \times 2[ntL_{\text{w}}(D_{\text{b}} + nt)E_{\text{b}} + D_{\text{c}}E_{\text{c}}A_{\text{t}}]}{D_{\text{c}}^2 L_{\text{w}}E_{\text{c}}} = 19.8796\text{MPa}；$$

$$p_2 \leqslant \frac{C_{\text{wb}}S_{\text{ab}} \times 2nt_{\text{p}}}{r} = 59.37\text{MPa}；$$

$$p_2' \leqslant \frac{S_{\text{ab}} \times 2nt_{\text{p}}}{r\left(\dfrac{D_{\text{m}} - r}{D_{\text{m}} - 2r}\right)} = 58.453\text{MPa}$$

显然，p_1、p_1'、p_2、p_2' 中的最小值即 $p_1 = 16.1975\text{MPa}$ 是常规设计中膨胀

节能承受的最大内压。

3. Ω 形膨胀节与 U 形膨胀节的性能比较

（1）径向应力与疲劳寿命

根据 EJMA 标准，无加强 U 形膨胀节的 s_6、s_5 和 s_3 的公式可写为：

$$s_6 = \frac{0.47}{C_d} \times \frac{E_b t_p e}{(W/2)^2}$$

$$s_5 = \frac{1}{16C_r} \times \frac{E_b t_p^2 e}{(W/2)^3}$$

$$s_3 = \frac{p(W/2)}{n t_p}$$

而 Ω 形膨胀节的 s_6、s_5 和 s_3 的公式为：

$$s_6 = \frac{B_2}{5.72} \times \frac{E_b t_p e}{r^2}$$

$$s_5 = \frac{B_1}{34.3} \times \frac{E_b t_p^2 e}{r^2}$$

$$s_3 = \frac{D_m - r}{D_m - 2r} \times \frac{pr}{n t_p}$$

式中 B_1、B_2、C_d、C_r——与膨胀节尺寸有关的系数；

D_m——波纹的平均直径；

E_b——波纹材料在常温下的弹性模量；

e——每个波的轴向位移；

p——内压；

r——圆环形波纹的平均半径；

s_3——径向薄膜应力；

t_p——修正后的波纹材料一层的厚度；

W——波高；

s_5、s_6——波纹由位移产生的径向薄膜应力与经向弯曲应力。

前后三式分别对比，可见如果无加强 U 形膨胀节的波高等于 Ω 形膨胀节的圆环直径，并且两类膨胀节的层数和每层厚度相同，则两类膨胀节的 s_6、s_5 和 s_3 算式只有前项系数的差别；若取波距和切线段直径相同，两类膨胀节的 s_6、s_5 和 s_3 诸值相近。

Ω 形膨胀节的内压经向弯曲应力，由于圆环的椭圆度使应力增大了；然而，在设计内压下的经向应力（包括径向弯曲应力和径向薄膜应力）比相应无加强 U 形膨胀节按 EJMA 标准公式计算的内压径向最大弯曲应力值小得多，显示了波纹的圆环形比 U 形承受内压时具有明显的优越性。由于 Ω 形膨胀节比相应无加强 U 形膨胀节的内压径向弯曲应力低得多，而 s_6、s_5 和 s_3 相近，故径向总应力值明显较低。疲劳试验表明，膨胀节是在径向应力较大处产生环向裂纹而失效的，即疲劳寿命主要取决于径向总应力。因此，Ω 形膨胀节的疲劳寿命较长。

（2）内压环向薄膜应力

EJMA 标准给出了无加强 U 形膨胀节由内压产生的环向薄膜应力各计算式为：

$$s_2 = \frac{pD_{\mathrm{m}}}{2nt_{\mathrm{p}}}\left(\frac{1}{0.571 + 2W/q}\right)$$

当 p 和 D_{m} 较大时，需要增加层数和每层不锈钢的波纹厚度才能安全。然而对于 Ω 形膨胀节，其波纹圆环的内压载荷由圆环承担，其圆环的环向薄膜应力比无加强 U 形膨胀节的环向薄膜应力小得多；Ω 形膨胀节切线段以内的庞大的内压载荷则主要由碳钢箍环来承担，这就大大节省了昂贵的不锈钢材料，降低了成本。

（3）稳定性

波纹的圆环形比 U 形的内压经向弯曲应力小，这就使 Ω 形膨胀节不易出现平面失稳现象。由于 Ω 形膨胀节各波之间设置了刚度大的碳钢箍环，其抗内压失稳能力较强。Ω 形膨胀节在较高内压下既没有发生平面失稳现象，也没有产生柱状失稳，且其承受超压而不破坏的能力较强。

（4）箍环的作用

箍环除了抗内压失稳和抗内压环向薄膜应力破坏等作用外，还因为有了箍环才可以进行 Ω 形膨胀节无模制造，由于不用模具，因而制造成本下降。

（5）较高内压下的适用性

三个 Ω 形膨胀节在其设计内压和位移量下能够安全使用。然而，无加强 U 形膨胀节，按照 EJMA 标准公式计算，其内压经向弯曲应力和内压环向薄膜应力都过大，而循环失效次数和基于柱状失稳的极限压力较小，不满足 EJMA 标准规定的要求，不能使用。若在同样设计使用条件下，采用适于承受较高压力的加强 U 形膨胀节，以加强 U 形膨胀节与 Ω 形膨胀节试件耗用的波纹不锈钢材料重量相同或相近，且设计的加强 U 形膨胀节符合 EJMA 标准的要求和较优的原则。加强的 U 形膨胀节，其经向应力仍然比 Ω 形膨胀节大得多，疲劳寿命

较 Ω 形膨胀节更短，加强 U 形膨胀节的层数较多和需用模具制造，其制造费用比 Ω 形膨胀节更大。可见在较高内压下，使用 Ω 形膨胀节，其安全性和经济性较好。

从上述分析可知，Ω 形膨胀节由内压产生的应力较小，疲劳寿命较长，抗内压失稳能力和耐超压能力强，满足了使用要求，并保证了安全性，各波间碳钢箍环可增加强度和稳定性，节省不锈钢材料和省去制造模具，使成本降低。

Ω 形膨胀节适于在较高内压下使用，特别适宜于高压力与大口径场合，其安全性和经济性显著。

二、Ω 形膨胀节的应用效果

某制酸系统热交换器在设计之初选用了 U 形膨胀节，但在实际使用过程中，膨胀节与壳体焊缝位置多次拉裂，尤其是在冬季开停车期间拉裂比较频繁，经过对 U 形膨胀节和 Ω 形膨胀节的性能比较，考虑采用 Ω 形膨胀节，但由于热交换器直径较大，更换膨胀节必须将换热器封头彻底拆除，施工难度大、周期长，因此，设计人员在原 U 形膨胀节的基础上进行了改造，采用薄壁碳钢管卷制与换热器等直径的环形弯管，再将弯管内环整体剖分形成"C"形换管，并在"C"形环管的上、下两端各焊接一块等直径的环板，使 U 形膨胀节成功改造为 Ω 形膨胀节，提高了膨胀节的承压能力，提高了疲劳寿命，同时，由于薄壁弯管的采用，适当降低了 Ω 形膨胀节的刚度，热交换器使用周期大幅度提高。

第四章　安全创新技术

04

　　安全管理是企业长抓不懈、不容懈怠的常项工作，它不仅关系到企业的长远发展，更关系到每一位员工的切身利益，在企业的实际生产过程中，安全管理涉及工艺技术、生产计划、运行过程、维护检修等各环节，在化工产品生产企业中，安全管理的责任更重，规范更严，强腐蚀性、易燃、易爆的化学属性对安全生产管理提出了更高的要求。

　　安全重在付诸实践。近几年，安全管理的新规范、新要求，重点围绕理念宣贯、行为素养、制度体系建设等方方面面，不断优化完善，同时结合化学品生产特性，以安全技术创新为载体，不断优化升级现场安全设施，从人本安全、物本管控两个方面取得了成效，本章结合冶炼烟气治理生产领域，从工艺过程与设备设施安全优化两个方面，阐述了各项创新技术的开发设计，并在实际生产过程中取得了显著的应用效果，实现了通过优化工艺流程，强化过程治理管控，设备设施安全匹配运行的安全管控目标。

第一节　工艺过程安全创新技术

　　化工生产过程中，工艺操作方面需要不断摸索有效的确保过程安全和人员安全的技术，本章针对特殊腐蚀性过程产品易对生产流程多环节造成安全隐患的特点，有毒有害气体存在泄漏及强腐蚀性化工产品生产、储运过程中的安全风险，创新研发了"三段四层除氟"技术、强腐蚀性流体介质自动充装安全管控及自压真空防泄漏卸载等创新技术，从根本上减轻和消除了生产操作中潜在的安全风险及隐患，从而提高工艺操作过程安全管控。

一、制酸烟气除氟技术

（一）制酸烟气中氟的危害

金属硫化矿冶炼过程中，矿石中含有的萤石（CaF_2）经煅烧后生成氟化氢（HF），随冶炼烟气进入制酸系统。氟化氢（HF）具有较强的亲水性，溶于水形成一种腐蚀性很强的酸——氢氟酸，对硅质材料会产生剧烈腐蚀，并生成四氟化硅：

$$SiO_2 + 4HF \longrightarrow SiF_4 + 2H_2O \qquad (4\text{-}1)$$

冶炼烟气制酸系统中硅质材料的设备设施较多，例如净化玻璃钢设备和管道、离心泵泵轴、液下泵泵壳和泵体、干吸三塔的瓷环和瓷砖以及转化催化剂。烟气中的氟化氢（HF）与水分子结合形成的氢氟酸，对玻璃钢设备和管道造成腐蚀，导致玻璃钢设备和管道渗漏；对干燥塔瓷环、瓷砖的腐蚀，造成瓷环粉化，导致干燥塔压损上升，甚至造成填料坍塌；与转化催化剂中的硅藻土反应，使催化剂粉化、减重，同时还和 V_2O_5 反应，生成某种挥发性的钒酰氟化合物而引起催化剂失钒；对净化稀酸泵泵轴以及干吸浓酸泵泵壳和泵体等高硅不锈钢腐蚀。因此，氟化氢（HF）是冶炼烟气制酸工艺中难以解决的瓶颈问题。

（二）"三段四层"除氟技术研发

1. 除氟技术理论研究

烟气中的氟化物主要以气态氟化氢形式存在，且烟气中缺少主要的固氟离子（Mg^{2+}、Ca^{2+}等），氟化氢不能在烟气的传输过程中被固化，因此不能通过后续除尘系统除去氟化氢，只能在烟气净化工序将氟化氢去除。

传统的除氟方法主要有吸附法、电凝聚法、反渗透法、离子交换法、化学沉淀法和混凝沉降法等。由于处理成本和工艺稳定性等因素，目前国内大部分企业固氟均采用石灰乳一次性中和处理方法(钙基固氟剂)，有大量的沉渣产生，处置成本高，处理不当也往往对环境造成二次污染。

在烟气净化工段使氟固定的过程即是将氢氟酸转化为氟硅酸或氟硅酸盐的过程。在各种固氟方法中，最方便的还是采用水玻璃、石英石及玻璃纤维等含二氧化硅（SiO_2）物质作为氟固定剂。与钙基固氟剂相比，用硅基材料作固氟剂，可以大幅度减少沉渣。水玻璃、石英石及玻璃纤维等由于含有硅成分，可以和氟离子结合生成氟硅酸钠沉淀，达到去除氟的目的；而且硅基材料不与铜、砷等金属组分反应，沉渣数量较少，也不会生成二次污染物。

目前烟气固氟效果较好的是水玻璃（偏硅酸钠）固氟工艺，水玻璃的主要除氟物质成分是二氧化硅（SiO_2），钠水玻璃（$Na_2O \cdot xSiO_2 \cdot yH_2O$）是含水化形态的二氧化硅（$SiO_2$），具有较高的活性。其工作原理如下：

$$4\,HF + SiO_2 \Longrightarrow SiF_4 + 2\,H_2O \tag{4-2}$$

$$SiF_4 + 2\,HF \Longrightarrow H_2SiF_6 \tag{4-3}$$

$$SiO_3^{2-} + 6\,HF \Longrightarrow SiF_6^{2-} + 3\,H_2O \tag{4-4}$$

$$SiF_6^{2-} + 2\,Na^+ \Longrightarrow Na_2SiF_6 \tag{4-5}$$

反应（4-3）的平衡常数为：$K = \dfrac{[SiF_4][HF]^2}{[H_2SiF_6]} = 4 \times 10^{-5}$

从平衡常数看，H_2SiF_6 是一个很稳定的多元络合酸，因此只要加入足够量的水玻璃，就可以使酸性废水中的氟浓度降低，提高烟气中 HF 的吸收率。

2. "三段四层"固氟技术思路

根据高氟烟气特征，要提高净化系统除氟率，需从以下几方面考虑：设备多级串联，各设备内循环酸含氟形成较大的浓度梯度；前一两个设备要具有较高的吸氟效率；尽量降低氟的蒸气压。一般来说，用硅基材料作固氟剂，水玻璃作为一种由碱金属氧化物和二氧化硅结合而成的可溶性碱金属硅酸盐材料，适合应用于固氟剂需要流动的系统中，而石英石及玻璃纤维等材料适合应用于固氟剂固定系统。因此，提出了"三段四层"固氟工艺，所谓"三段四层"也就是在湍冲塔、洗涤塔、冷却塔各形成一段除氟，其中湍冲塔、洗涤塔由含水玻璃的稀酸液形成两个流动固氟层，在冷却塔里由玻璃纤维和石英石形成两个固定固氟层，通过此两流两固共四层固氟装置，使烟气含氟量降到最低，以达到高效固氟的目的。

"三段四层"固氟工艺原理如下：在湍冲塔、洗涤塔中加水玻璃进行第一、二段固氟，为防止剩余的小部分氟化物进入后续设备，在冷却塔中采用第三段固氟措施。

之所以在冷却塔采用石英石和玻璃纤维作为固氟物质，是因为：

① 随着水玻璃加入量的增加，单位质量的水玻璃的固氟效果在逐渐下降，即水玻璃的加入量达到一定值之后，再将加入量提高，整体固氟效果几乎不变。而在更多水玻璃加入的同时，循环酸中过多的水玻璃使管道、喷头堵塞的概率增大，影响正常的生产。

② 由于水玻璃的静止沉积现象，不能加在冷却塔的循环酸里面。当循环酸通过循环泵送入塔内时，循环酸在冷却塔的填料里自上而下缓慢自流，水玻璃

会在这期间沉积，堵塞填料，使系统阻力上升，影响生产。

③ 在冷却塔中采用石英石和玻璃纤维作为固氟物质，可以适当提高石英石和玻璃纤维的设计余量，且不会对循环酸或系统设备造成太大影响。由于加入量比较多，SiO_2 的量较大，因此平衡向正反应方向移动，能获得较高的除氟效率。

3."三段四层"固氟工艺流程

在以上理论研究的基础上，制酸系统净化工序设计应用了"三段四层"固氟工艺流程，湍冲塔、洗涤塔、冷却塔各形成一段固氟。净化系统的 3 个塔内部都有自身的稀酸循环路线，稀酸由塔底经泵上塔喷淋，喷淋酸又回到塔底。除此之外，3 个塔之间还存在着串酸，由冷却塔串入洗涤塔，再由洗涤塔串入湍冲塔。

经过反复试验，将水玻璃的加入位置设置在冷却塔（图 4-1）。水玻璃在冷却塔内经过不断混合，通过串酸方式从后至前逐级串入湍冲塔，进行三级固氟。将水玻璃加入点由湍冲塔改为冷却塔，主要考虑了以下几方面因素：

① 将水玻璃加入冷却塔，通过逐级串酸，可延长水玻璃与氟化氢的反应时间，提高水玻璃的利用率。

② 由冷却塔加入水玻璃，相对于由湍冲塔、冷却塔加入，增加了一台固氟设备，增强固氟效果。

③ 氟化氢气体在低温下的溶解度大于高温下的溶解度，实际生产中，冷却塔温度比湍冲塔酸温度低 20℃左右，经湍冲塔、洗涤塔固氟后，烟气中剩余的氟化氢气体在冷却塔中溶解效果增强，有利于烟气中氟化氢气体的脱除。

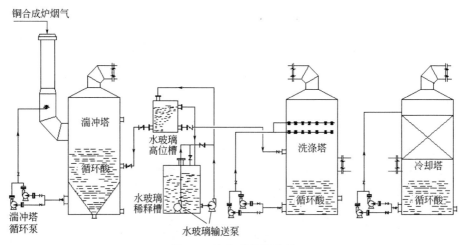

图 4-1　净化系统总流程

④ 经过湍冲塔、洗涤塔两次固氟后，烟气中氟含量呈下降趋势。从反应动力学角度考虑，为了保证反应向正方向进行，溶液中氟化氢浓度越低，溶液中的 Na_2SiO_3 含量就要越高，由冷却塔加入水玻璃，通过逐级串酸，在冶炼烟气净化塔中形成了 Na_2SiO_3 浓度梯度，由冷却塔至湍冲塔 Na_2SiO_3 浓度逐渐降低，正好满足了这个要求。

水玻璃固氟装置主要由水玻璃稀释槽、高位槽、水玻璃输送泵和相应的管道组成。配好的水玻璃溶液由水玻璃稀释槽经泵打入高位槽，由高位槽流入湍冲塔和洗涤塔。输送泵出口设有回流阀，通过对回流阀的调节来控制进入高位槽的水玻璃流量。高位槽设有溢流，当液位过高时便会溢流到稀释槽。

在冷却塔填料上层加入玻璃纤维，在下层酸液中加入石英石，两固定层去除残余的氟。

① 石英石的加入　塔内的稀酸在系统运行时湍动很大，细小的石英石在稀酸中很容易被冲走，对塔身造成磨损，过小的石英石和氢氟酸反应后容易粉化，经泵上塔喷淋时容易堵塞喷头；过大的石英石比表面积较小，同时受塔体的人孔限制。综合考虑，选用的石英石粒度为 80～500mm。冷却塔塔底人孔直径为 800mm，因此所有石英石都能方便加入。摆放石英石的过程中，将圆台的四周及上底面全采用大粒度石英石，小粒度石英石摆放其中（图 4-2），这样可将小粒度石英石固定，避免了石英石在塔内的移动。

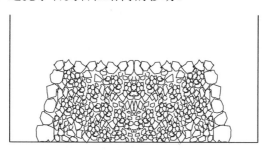

图 4-2　不同粒度的石英石在塔底的堆放位置

除此之外，由于石英石在塔底长期地与氢氟酸接触，石英石粒度可能会变小，若被塔内的湍流卷入稀酸泵的入口将损坏叶轮，因此在稀酸泵的入口处加装了过滤器。

② 富含 SiO_2 玻棉瓦的布设　玻棉瓦是以玻璃纤维为固氟物质、玻璃钢骨架板作为载体的固氟装置。玻璃纤维缠绕在玻璃钢骨架板上，并在骨架板两侧涂以树脂以固定玻璃纤维，若干个这样缠绕有玻璃纤维的板片再固定于一带有插槽的玻璃钢板上就组成了一个固氟装置元件。玻璃纤维板片之间有 30mm 的空隙，为烟气的通道。图 4-3 是固氟用玻棉瓦的结构示意图。

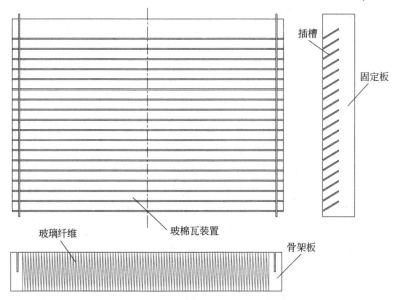

图 4-3　玻棉瓦装置的结构示意图

　　玻棉瓦装置布设于冷却塔填料层上部（图4-4）。根据冷却塔的直径，将玻棉瓦的摆放区域设计为一个直径 5m 的圆，周边留有 1m 的环形走道。尽管没有将玻璃纤维布满，但对整体的固氟效率影响不大，主要是因为，根据圆管内流体速度分布曲线，塔壁周围通过的烟气量很少，绝大多数烟气从布有玻璃纤维装置的区域通过。

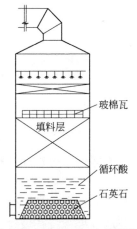

图 4-4　冷却塔内石英石与玻棉瓦装填示意图

　　安放时将两个玻棉瓦装置按照板片相反的方向叠放，这样烟气从下层波棉瓦板片间隙进入后再从上层玻棉瓦板片间隙出来，过程中烟气的路径形成 90°

的拐弯，使得烟气中气体分子和玻璃纤维产生碰撞，加之玻璃纤维本身具有很大的比表面积，因此可以在一定的烟气停留时间内获得较高的反应转化率，提高了固氟效率，起到最终把关的作用。

（三）应用与实践

净化工序的"三段四层"固氟技术完全达到固氟的目的，而且与水玻璃单段固氟工艺相比，有效防止冶炼烟气中的氟含量突然且大幅度升高，短时间内大于水玻璃固氟装置的能力，可以大幅减少水玻璃固氟剂的用量，节省成本，且操作简便。

二、强腐蚀性流体介质自动充装安全管控创新技术

化工生产流程安全不仅体现在生产系统和设备设施安全上，同样要求人员操作安全必须得到重视。以现有硫酸生产系统为例，虽然自动化操作取代了大部分手动操作，但是取样分析以及硫酸装卸过程依然需要员工接触浓硫酸。因此，解决人员接触强腐蚀性化工产品过程中的不安全因素是十分有必要的。

（一）硫酸充装装置发展现状

化工行业流体产品在装运过程中多采用鹤管，鹤管主要有汽车充装鹤管、火车充装鹤管、飞机充装鹤管、桶装鹤管，其中尤以火车充装鹤管局限性较强，主要通过旋转接头与刚性管道及弯头连接起来，以实现槽车与栈桥储运管线之间液体介质的传输。

常用的火车充装鹤管管臂属单方向 180°平行转向，在火车槽车充装过程中受到局限。由于火车槽车规格不同，车体尺寸不一致，栈桥出酸口与火车槽车充装口的距离不全然相同，造成部分槽车无法准确对位；且鹤管材质重，支撑滚动轴承受外界环境腐蚀影响，出现卡阻，制约了鹤管与火车充装口的定位，给充装作业增加难度，使用中稍有不慎，会造成流体介质溢出，腐蚀槽车罐体及铁路基础，一旦喷溅波及接触人员，甚至造成人身伤害，不利于现场安全作业。

另外，栈桥与对位槽车之间存在有一定间隙，为确保充装人员能够安全登上槽车操作，首次发明了滑道延伸小车，即栈桥连接火车槽车的过往便道，传动部分由多组滚动轴承组成，但经过实践发现，延伸平台与槽罐之间依然存在一定的间隙，是充装人员登陆槽车的安全隐患。

（二）360°全旋式充装鹤管创新技术研究

针对火车充装鹤管对位不准确的弊端，创新应用了 360°全旋式充装鹤管技

术，增加了旋转接头、弹簧平衡系统、导静电装置、复位锁紧装置和真空短路
装置，其外形见图 4-5。

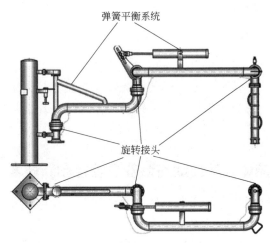

弹簧平衡系统

旋转接头

图 4-5　新型流体装卸管

360°全旋式充装鹤管每一个部件均具有自己的特性和用途。

1. 旋转接头

液体装载臂（鹤管）的最关键部位创新应用了旋转接头（图 4-6），操作灵
活、密封好，能适应较为恶劣的使用环境。旋转接头选用的材质也使之具有更
高的使用性能及承载能力，更长的使用寿命。其中，内圈采用高品质合金钢，
外圈为高强度合金钢。其主要密封件采用填充四氟，具有高耐磨性、自润滑性
等特点，同时具有磨损自动补偿性，使主密封具有较长的使用寿命。

图 4-6　新型旋转接头

在现有鹤管共设计安装四套旋转接头，实现了鹤管横向、纵向、前后向等
共六个面的全方位覆盖，鹤管可在 360°半球面内自由调节，杜绝了鹤管无法准

确对位的现象。

2. 弹簧平衡系统

弹簧平衡系统主要是利用弹簧钢的拉力与平衡器上所悬挂的重物的重力相互抵消，使弹簧平衡器与悬挂物达到一个均衡的形态，让重物可以高低自由挪动，从而愈加便利作业。

3. 导静电装置

运用导静电装置可消除装卸过程中可能产生的静电，通过静电带将可能产生的静电导入静电接地装置，杜绝在充装过程中因静电原因出现电器仪表数据的失真、控制系统失灵的现象。

4. 复位锁紧装置

设计中有复位锁紧装置，在装载臂不工作的情况下，将臂复位至栈台并予以锁定。一是为了减少臂占用空间；二是为了安全，比如刮大风等情况下不至于损伤臂。敞开式顶部装载臂的外臂上设置有外臂锁紧装置，当臂展开就位后锁紧外臂，从而避免了在灌装时由于外臂的振动可能会与槽车罐口发生磕碰而产生的不安全因素。

5. 真空短路装置

"真空短路装置"是一种用于流体装卸完毕，接通管内与管外，便于放空管内残存液体的一种装置，保证了管线内不留残余液体，减少了现场污染程度，同时也增加了再次操作的安全性、可靠性，特别是对于黏度较低的流体，更能体现其优越性。

以上各部分组成了360°全旋式充装鹤管，具有以下特点：

① 双滚道的旋转接头及带弹性的密封圈，保证装卸介质不泄漏；
② 随遇平衡的弹簧平衡器，使装卸臂操作轻便、省力、定位准确；
③ 装卸过程中，在槽车正常移动范围内与槽车随动；
④ 装卸臂收容状态时，锁定与槽车行进方向平行，占用空间小；
⑤ 装卸臂过流部分及旋转部件材质，属耐酸抗腐蚀材质，安全性较高。

（三）跳板式滑道延伸小车研究应用

原滑道小车无法有效连接栈桥与槽车，对人员安全造成隐患。针对此问题，设计了跳板式滑道小车。

图4-7为原设计的滑道延伸小车。延伸平台与槽罐之间，间隙过大（标注1），对充装人员来往行走存在"空挡"，极易造成人员卡伤。

图4-8为创新后的滑道延伸小车。出于对充装人员安全作业的考虑，在滑动小车与火车槽罐之间的延伸平台末端，加装可伸缩梯状走板（图4-9），

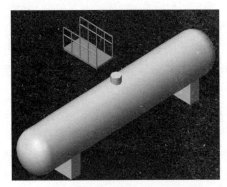
图 4-7   原滑道延伸小车

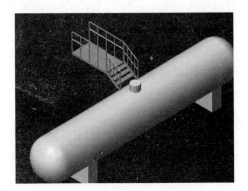
图 4-8   新型滑道延伸小车

图 4-9   新型起落跳板

避免了作业人员在槽车与栈桥之间的跨越式行走，减少了作业中的不安全因素。

从现场作业人员对滑道小车的安全使用与便捷操作及物体重力学等方面综合考虑，新加装的梯状走板制作材料必须是耐酸耐腐蚀性较强的材质。首先，不会给栈桥钢结构带来太多的负载，其次不能给滑道延伸小车带来太多的负重，而且整体重量相对较轻。使用时操作简单、灵活，安全可靠；一人独立操作，占用空间少，有便于日后维护等优点。

根据各种槽车的尺寸差异和对车的正反差异，在加装的每个梯状滑板上制作了 6 个定位插孔，保证对于各类槽车，均能使滑板稳固到位。由此，滑道小车的安全使用性得到保障，降低人员受到伤害的概率。

（四）应用效果

强腐蚀性流体介质自动充装安全管控创新技术的应用，避免了强腐蚀性液体在装运过程中喷溅的风险，员工在槽车和栈桥之间行走不会发生坠落或卡伤，有效地保护了员工的人身安全。

三、自压真空防泄漏卸载技术

（一）强腐蚀性流体介质卸载现状

基于装载强腐蚀性流体介质的容器要求具有严格的密封性能，因此产品到岸或超装的卸载需要采用特殊的方式。以火车槽车卸载为例，通常火车卸载采用的是虹吸倒流或利用潜水泵等辅助设备进行液体导出，作业人员在操作过程中存在诸多不安全因素。

1. 虹吸卸载

虹吸倒流的过程存在诸多不利因素及安全隐患。如该卸载作业属人工手工作业，人员在固定卸载管高低差定位时，排酸口一端的浓酸外溅，造成人员灼伤，并对设备设施及周边环境造成腐蚀污染。其次，由于是高低压差卸载，管径大小决定流速快慢，直接影响卸载时间，导致火车占道时间较长，槽车周转率降低。

2. 辅助设备卸载

利用潜水泵等辅助设备进行倒卸，虽便捷、时间短，但也存在诸多不安全因素：①在槽车顶部注入口安装或提取潜水泵时，人员存在滑落的安全隐患；②卸载过程中，泵出口压力大，如输送管道出现漏点，强腐蚀性流体介质将直接对外喷溅，对人员、设备造成伤害及腐蚀，对周边环境造成污染；③潜水泵泵体在强腐蚀性液体中浸泡，极易被腐蚀，有漏电的可能性；④泵体过流部分非耐腐蚀材质，易被强腐蚀性液体腐蚀破坏，甚至只能一次性利用，增加卸载成本。

（二）自压真空防泄漏卸载装置研究

以上两种卸载作业方式，增加了作业人员的劳动强度和作业中的危险系数，在卸载的过程中，如出现泄漏现象，会导致现场作业人员灼伤，造成设备设施腐蚀损坏，破坏铁路路基，甚至污染周边环境，若不能从方式方法上根本解决，卸载过程将是作业中的重大安全隐患问题。因此，卸载过程需要一套全密封、无泄漏且安全可靠的装置。

根据虹吸原理，自主研究设计了一套真空卸载装置。该装置利用原有地下槽工艺管线，设计安装"一个中间密闭真空浓硫酸缓冲罐""一台卧式真空浓硫酸卸载泵""三条管道""两个阀门"，实现对火车运输槽罐的卸载操作，如图 4-10 所示。

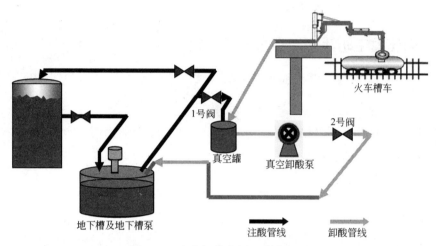

图 4-10　真空卸载装置工艺流程图

该卸载装置包括一个中间密闭真空浓硫酸缓冲罐（以下简称真空罐）及一台卧式真空浓硫酸卸载泵（以下简称真空卸载泵），安装在浓硫酸成品地下槽与火车卸载栈桥之间。该装置共有三条工艺管道：注酸管道——地下槽输送泵与真空罐之间；排气（溢流）管道——真空罐与火车卸载栈桥之间；卸载管道——真空罐与地下槽之间。两个操作阀门：1 号阀——位于注酸管道上，用于地下槽向真空罐注酸操作；2 号阀——位于卸载管道上，真空卸载泵出口，用于真空罐卸载。另外，在火车装酸栈桥与火车槽车之间，绑扎大口径柔性耐酸胶管，管内流量大、流速快，两人即可操作，卸载效率高。

当火车槽罐超装时，卸载步骤如下：

（1）注酸排气操作（浓硫酸流向如图 4-11 注酸管线表示）

① 用柔性软接管连接排气（溢流）管道及超重火车槽罐；

② 关闭 2 号阀，开启 1 号阀，打开地下槽泵，对真空罐及排气（溢流）管道进行注酸排气；

③ 待看到槽车内出现气泡，此时真空罐及排气（溢流）管道注满浓硫酸，排气操作完成。

（2）真空卸载操作（浓硫酸流向如图 4-11 卸酸管线表示）

① 排气完成后，关闭 1 号阀，开启 2 号阀并开启真空卸载泵开始卸载；

② 确认槽车液位到达要求值时，停真空卸载泵，卸载工作完成。

（三）应用效果

该卸载装置利用真空原理，使用浓硫酸作为卸载引流介质，使用安全无泄漏；卸载速度快，使卸载周期大大缩短，减少了卸载槽车占道时间，有效提高了槽车装车效率。同时卸载操作简便，设备运行安全、可靠，改善了员工操作环境。

四、H₂S 防泄漏技术

由于化工生产过程中，生产设备设施无法做到"零泄漏"，因此生产现场不可避免地存在有毒有害介质泄漏等风险。常用的安全防护措施是员工通过穿戴防酸服、防护面罩、防毒面具甚至空气呼吸器等措施，确保人身安全。虽然以上措施可以为人员施救或逃生节约时间，但是更应该通过工艺设备创新，杜绝人员伤亡事故的发生。

（一）H₂S 治理技术发展现状

目前国内冶炼烟气制酸净化工序常用的去除酸性废水中重金属及砷的方法是硫化法。由于制酸系统酸性水的酸度基本高于 1%，因此在硫化法处理酸性水时，会逸出大量硫化氢气体。

若脱气工艺不完善，硫化氢随酸性水进入下游工序，造成下游工序硫化氢富集外逸。因此制酸系统硫化法治理酸性水存在较大的安全隐患，如何高效、安全地治理硫化氢气体已成为制约酸性水治理工序连续运行的关键，乃至影响到制酸系统的稳定生产。

目前，硫化氢气体治理方法主要有吸附法、吸收法等。其中吸附法流程简单，但存在对原料气杂质含量要求较高的缺点，并且废吸附剂无法处理，将产生二次污染；吸收法治理效果较好，但工艺较复杂，传动设备较多，操作费用高，废吸收剂亦较难处理。另外，国外常用的硫化氢治理方法是生物治理方法，主要有 A.D.A. 法、富玛克斯法、达克哈克斯法、克劳斯法等，然而这些方法依旧存在极大的局限性，比如投资大、高能耗、二次污染等。

（二）H₂S 治理技术理论研究

由于硫化氢气体在水中的溶解度较小，因此硫化钠与酸水接触的瞬间就会释放大量的硫化氢气体。防止 H₂S 外逸泄漏的方法可分为物理法和化学法。物理法主要是通过改变外界条件,如温度、压强等,增强 H_2S 气体的溶解度。化学法则是利用碱性液体吸收 H_2S。由于硫化钠水溶液呈强碱性,而硫化氢气体溶于水形成氢硫酸,呈弱酸性。因此,在硫化氢过量时,会发生如下反应:

$$H_2S + Na_2S = 2\,NaHS$$

将硫化钠作为一级吸收液,有利于吸收更多的硫化氢气体。

而氢氧化钠吸收硫化氢实际上是酸碱中和反应的过程。在生成强碱弱酸盐的同时伴随着氧化反应,方程式如下:

$$H_2S + 2\,NaOH = Na_2S + 2\,H_2O$$

$$2\,Na_2S + 2\,O_2 + H_2O = Na_2S_2O_3 + 2\,NaOH$$

因此,氢氧化钠作为吸收效率把关的二级吸收液,进一步吸收尾气中剩余的硫化氢气体。通过两级吸收确保尾气中硫化氢气体达标排放。

(三)分级脱气两级吸收 H_2S 防泄漏创新技术

冶炼烟气制酸酸性废水处理工艺中,管道反应器内加入的硫化钠主要是作为酸性水中和剂,因酸水酸度变化需及时调整加入量。当酸水浓度过高时,硫化钠加入量较大,此过程为硫化氢的主要来源。后续三级反应器及悬浮过滤器主要起到延长反应、脱除金属沉淀物的作用,后续各级反应单元(反应器+悬浮过滤器)所产生的硫化氢气体浓度呈现逐级递减的趋势,因此根据硫化氢气体的产生量,按照"两级主线,三级支线"的脱气思路,选用脱气装置收集并采用两级吸收工艺进行治理。

两级主线以反应性质划分,一级是以管道反应器内的中和反应为主线,另一级是以酸水金属离子置换反应为主线,两条主线压力相互平衡,在降低风机能耗的基础上,实现了全流程脱气。

三级支线是以硫化氢反应量为基础进行划分。第一级支线是以管道反应器作为独立单元进行脱气,因 U 形管道反应器长度较长,所需脱气动力消耗大,因此独立设置该单元可提升脱气效率;第二级支线是将三级反应罐以串联的方式设置进行逐级脱气,由于反应量逐级递减,硫化氢气体产生量递减,因此串联方式即可满足各级反应罐内对脱气动力的需求;第三级是将悬浮过滤器与配套的气液分离器逐级串联脱气。三级支线脱气配置满足了脱气动力平衡的要求,实现了各级支路脱气动力平衡分配目的,降低了因设备设施漏风对脱气效率的影响,节约了脱气风机能耗,实现了硫化氢气体脱除的可控性及高效性。

分级脱气的三部分硫化氢气源汇集后,一并配置连接于脱气塔进气口,再进入两级吸收塔进行硫化氢气体的吸收。但在两级吸收塔配置过程中，应充分考虑一级吸收不完全的影响，若采用正压吸收环境，系统存在硫化氢外逸的风险，为规避此风险，设计时将引风机布置于一级吸收塔和二级吸收塔之间，在满足一级吸收塔与脱气塔串联进行负压脱气的同时，现场环境安全可靠，工艺配置合理。

酸性水处理系统工艺流程如图 4-11 所示。

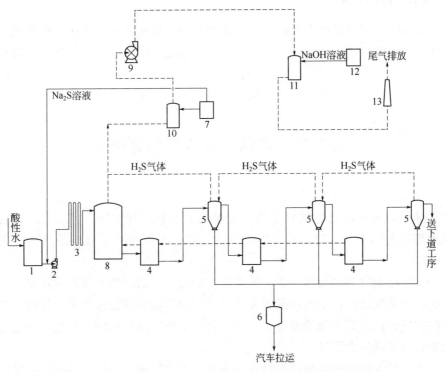

图 4-11　酸性水处理系统工艺流程图

1—酸水罐；2—酸水泵；3—反应器；4—反应罐；5—过滤器；6—渣罐；7—硫化钠储槽；8—脱气塔；9—风机；10—一级吸收塔；11—二级吸收塔；12—氢氧化钠储槽；13—尾气烟囱

吸收效率是衡量硫化氢气体治理的关键技术指标，设计时应重点结合吸收塔型的设计控制气速。在系统实际运行过程中发现，当质量浓度为 2050～3520mg/m³ 的 H_2S 气体停留时间为 10.2～11.4s 时，其吸收率仅维持在 94.21%～96.3%，可推断该反应气速快，是典型的受扩散速度控制的反应。因此对于吸收流程设计采用填料塔，吸收率可提升至 98%～99%，满足吸收后达到排放要求。

在吸收过程中，另一方面控制要点是控制该吸收反应的终点。因为中和反应首先生成硫化钠，随着氢氧化钠浓度逐步下降和硫化钠浓度逐步上升，当酸碱反应超过终点时，生成的硫化钠溶液就与硫化氢生成硫氢化钠，为了控制好两级吸收物料平衡，降低硫化钠与氢氧化钠消耗量，二级吸收达到平衡终点时，将氢氧化钠吸收产生的硫化钠循环至一级吸收塔内，作为一级吸收母液及管道反应器的添加液，两级吸收可规避吸收过量造成的排放值超标、吸收效率降低的问题，同时系统物料消耗趋于平衡，经济运行效率提升。

（四）应用效果

H_2S 防泄漏创新技术目前已得到成功应用，吸收效率稳定在 99% 以上，原硫化氢逸出点均能够满足负压脱气效果，尤其是尾排气体中硫化氢浓度最高值为 $0.058mg/m^3$，低于硫化氢排放标准（二级新、扩、改建无组织排放标准为 $0.06mg/m^3$），系统运行稳定，为制酸系统安全、环保、高效运行提供了保障。

第二节   设备设施安全创新技术

化工生产过程中，设备设施故障是最致命的安全隐患，关系到生产流程的连续性以及生产过程的稳定性，确保设备设施运行安全，可以延长设备修理周期和使用寿命，降低设备的维修费用以及生产成本，甚至最终影响人身安全。

在冶炼烟气清洁治理行业，影响设备设施安全的问题主要产生在以下两个方面：一是生产过程中物理原因及化学反应对设备本体造成伤害，导致生产系统面临威胁；二是大型关键设备控制系统缺陷或突发性故障，对生产系统连续稳定运行造成安全隐患。

本节针对浓硫酸混酸过程对设备设施产生的影响以及风机控制匹配等问题研究，详细阐述了新型混酸器的创新和风机控制二次开发以及人机环匹配技术，对解决烟气治理过程中设备设施安全难题提供了借鉴。

一、新型安全配酸混酸器的创新

化工设备设施中，液体的物理或化学反应设备，其安全程度严重影响系统生产的连续性和稳定性。

（一）制酸过程硫酸混配技术发展现状

冶炼烟气制酸系统干吸工序，干燥塔内循环喷淋 93% 的浓硫酸，一吸塔和二吸塔（或吸收塔）循环喷淋 98% 的浓硫酸。浓硫酸循环系统均采用塔→槽→

泵→阳极保护换热器→塔的冷却流程，通过加水来调节循环酸的浓度，混酸器就是用于调整干燥和吸收酸浓度的重点设备。

在国内制酸行业，干吸工序的加水一直是一个非常棘手的问题，干吸加水通常采用两种方式：一种是直接加水，就是将循环水或生水直接加入循环槽中；另一种是通过混酸器加水，以一定量的酸水比混合后进入循环槽。直接加水方式因其结构及工艺配置简单，被大多数硫酸厂家采用。在循环槽内直接加水，在槽内混酸，由于水的密度小于浓硫酸，会在浓硫酸液面上形成一层稀酸层，造成酸浓度不均，加上水和浓硫酸混合会放出大量的热，从而对循环槽内壁造成严重的腐蚀，大大地降低了循环槽和干吸泵等设备的使用寿命。

国内硫酸生产企业对混酸器进行了孜孜不倦的探索和研究。最初的干吸混酸就是从循环槽顶部用橡胶管直接插入加水，造成对塔槽泵和换热设备的严重腐蚀。之后接连尝试过使用简易混酸器，混酸器初步形成了雏型，其结构实际上是用一个法兰短接做混酸壳体，混酸管采用铸铁承插管，加水管从顶部插入，进酸从侧面水平进入，其混酸器自身经常发生腐蚀泄漏。上部壳体曾采用过 FRP（玻璃钢）和不锈钢，混酸管曾采用过铸铁和 PVC 材质，但都不够理想。

目前已广泛应用的混酸器虽然具有结构简单、操作稳定的特点，但它也存在着一些缺陷，无法适应加水过程中酸浓度的不断变化，混酸器自身腐蚀现象严重。

（二）混酸技术研究

1. 混酸器创新理论研究

新型混酸器的设计关键是改变原来槽内混酸的方法，将混酸过程在混酸器内完成，将混合后浓度较低的酸取代以往的水，与浓硫酸在循环槽内混合。新设计的混酸器工作原理是：浓硫酸从侧面弯头进入混酸器，与混酸器喷淋管中喷淋出来的水混合，混合后的浓度较低的酸从混酸器底部流入循环槽，混合过程中产生的气体由混酸器上部的弯管排出。

试验模拟酸、水混合过程，选择不同的酸-水比例，将其进行均匀混合，调节酸-水比例、原始酸和水的温度、原始酸浓度进行多次重复的试验以进行比较对照。

抽取浓度 98% 以上的硫酸，在不同的酸、水温度下，逐步增加酸和水的混合比例，测量不同情况下的酸温度变化，以酸-水体积比和温度变化作曲线，如图 4-12 所示。

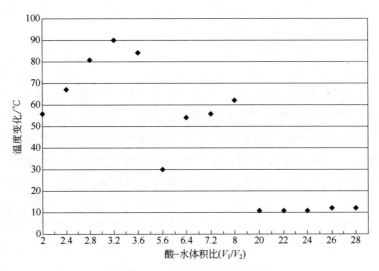

图 4-12　98%酸温度变化曲线

抽取浓度 93%～95%的硫酸，在不同的酸、水温度下，逐步增加酸和水的混合比例，测量不同情况。93%酸温度变化曲线见图 4-13。

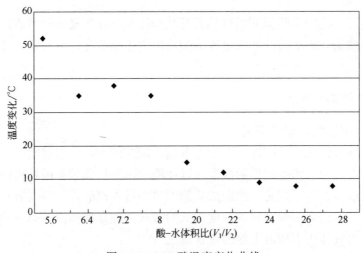

图 4-13　93%酸温度变化曲线

用微分稀释热公式 $Q = \left[n \times \dfrac{17860}{(n+1.7983)} \right] \times 4.1868$ 计算混酸前后所产生的热量。以酸-水体积比为 20∶1 为例，计算混合产生热量如表 4-1 所示。

表 4-1 酸：水=20∶1时混合数据表

组数	组成	原始温度	体积	原始浓度	混合后温度	混合后浓度	反应放热量	实际升温
1	水	9℃	5mL	93.92%	>37℃	92.04%	4310J/mol H_2SO_4	15℃
	酸	22℃	100mL					

原总质量为：100×1.826=182.6（g）

含硫酸：182.6×0.9392=171.5（g）

含硫酸 171.5/98=1.75（mol）

用公式计算 n_1(1mol H_2SO_4 中含水)=0.352

$$n_2 = 0.51$$

$$计算 Q = \left[n_2 \times \frac{17860}{(n^2 + 1.7983)} \right] \times 4.1868 - \left[n_1 \times \frac{17860}{(n^1 + 1.7983)} \right] \times 4.1868 = 4310 \left(J/mol\ H_2SO_4 \right)$$

（1）根据稀释热的公式（溶解 1mol H_2SO_4 于水所放出的热量称为稀释热）$Q = \left[n \times \dfrac{17860}{(n+1.7983)} \right] \times 4.1868$，其微分为 $-134470/(n+1.7983)^2 dn$，高浓度的硫酸与水混合所产生的热量要比低浓度的硫酸与水混合所放热量大。

（2）将酸、水比例提高之后，混酸之后温度得到了较好的控制，说明在加水不变的情况下，加大酸量可以降低混酸后温度，由实验数据可以看出，在酸∶水=20∶1时所释放的热量与酸∶水=2∶1时相比，只有约 1/10。

（3）延长酸水混合过程、混合时间，有利于酸水混合更加均匀。由于混合过程中硫酸浓度的差异及变化较大，以及在混合过程中存在许多的热量集中区域，所以将酸水混合过程中的流经通道选择一种耐腐蚀材料制作，将会有利于防止局部高温区及浓度的不均匀造成的局部破坏。

（4）在实际生产过程中，进入混酸器的浓硫酸温度普遍在 40～80℃之间，酸水混合过程中会产生一些气体，及时脱出产生的气体，可能会更有利于生产过程的顺畅（如果酸温在 20～30℃之间，可能就不用脱气）。由于实验过程与实际生产条件之间存在较大的差异，建议在实际生产过程中，酸水体积混合比例不能低于 20∶1。

2. 混酸器结构设计

混酸器结构设计如图 4-14 所示。

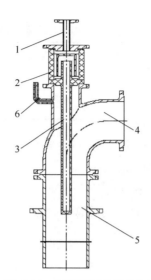

图 4-14   混酸器整体结构图

1—加水管接口；2—水封罩；3—喷淋管；4—进酸弯头；5—承插管；6—排气管

关键部件结构及特性如下：

（1）水封罩（图 4-15）

由钢制衬四氟制成，包括外套和内套，其外套与内套间周向均布有水道，其外套顶部与加水管接口下端法兰相接；用于在停产时，防止混酸器中的酸气沿着喷淋管进入水管道，对水管道造成腐蚀。

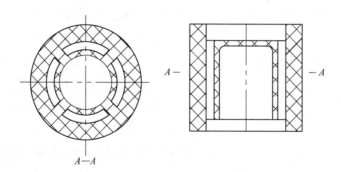

图 4-15   水封罩结构示意图

（2）喷淋管（图 4-16）

由钢制衬四氟制成的管体，其上部外侧设有圆形凸台，其凸台的上表面与水封罩外套的下部相接，管体的中下部表面均布有喷淋孔；进入喷淋管的水，从四周的喷淋孔均匀喷淋到混酸器中，与硫酸充分混合，达到混酸效果，此混酸器设计的喷淋管较以往的喷淋管长，能更好地实现混酸效果。

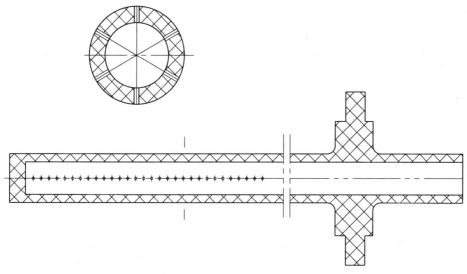

图 4-16　喷淋管结构示意图

（3）进酸弯头（图 4-17）

进酸弯头为钢制衬四氟制成，该弯头两端设有法兰，在其外弯处纵向设有带法兰的连接头，通过螺栓将其法兰与加水管下端法兰相固接，连接头上端与喷淋管的凸台下表面相接，并使喷淋管纵向置于进酸弯头中；此进酸弯头改变了以往的直插式弯头，一方面使酸在进入混酸器后，从切线方向流下，与喷淋出来的水并流混合，加强了混酸效果；另一方面酸的分布比较均匀，使混酸过程在整个混酸器中进行，不会造成局部过热；同时，弧线行的弯头结构也能减少酸进入混酸器时酸气的产生。

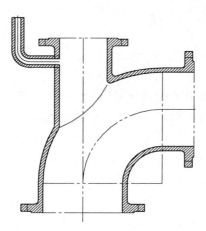

图 4-17　进酸管弯头结构示意图

（4）承插管（图 4-18）

承插管上端和中上部外侧分别设有法兰的直管，其上端法兰通过螺栓与进酸弯头的一端法兰相固接，喷淋管的下部置于其中，承插管为衬四氟结构，插入到循环槽液面以下。

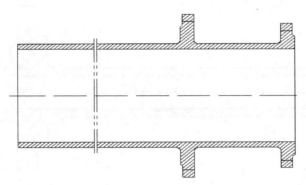

图 4-18   承插管结构示意图

（5）排气管

在混酸器水封罩的下部安装一弯管，与各循环槽产生的酸气一起回收，进入干燥塔。

在循环槽的混酸器底部，需要用陶瓷做一个垫子，防止酸对循环槽底部的冲击。

3．混酸器材料的选择

由于整个混酸过程在混酸器内部完成，正常生产时酸温度最高可达到 70℃左右，所以混酸器内部的温度在 80～90℃，而且内部酸浓度不均匀，所以要求混酸器的材料能够耐稀、浓硫酸腐蚀，所以整体采用高硅合金内衬聚四氟材料。

（三）应用实践

新型混酸器在制酸系统成功应用后，解决了以往混酸不均、局部温度高对设备的腐蚀问题。这种新型混酸器不仅使浓酸循环槽的使用寿命大大提高，同时也增长了稳定运行周期，避免了因停产维修造成的损失，并节约了各种维修费用，干燥和吸收效果明显提高，由以前的 99.9%提高至现在的 99.99%，对于提高环保质量具有很大的作用。

这种新型的混酸器，实现了设计目的，克服了槽内直接混酸和传统混酸器的缺点，彻底解决了混酸这个长期困扰硫酸生产的难题，有广泛的推广前景，具有较高的经济效益。

二、进口风机控制体系的二次开发及人机环匹配化技术

气体输送过程中的安全风险不仅存在于输送设施，输送系统的核心设备——鼓风机，其安全、匹配化运行也直接影响系统稳定生产。大型进口二氧化硫风机是冶炼烟气接触法制酸系统的核心设备，风机运行的稳定直接影响到制酸系统，甚至是冶炼系统的连续运行，一旦风机发生故障或事故，会对企业连续经营造成影响。进口风机运行的稳定与否，人、机、环的匹配化程度同样起到至关重要的作用。推行设备安全运行模式，确保大型设备的匹配化运行，尤其在进口二氧化硫风机仪控方面，从人、机、环三方面入手，保证了二氧化硫风机的匹配化安全操作与生产系统的安全运行。生产企业可以从日常点检维护、技术改造、标准化检修、设备开停机等各方面做详细的规章制度。

（一）风机控制系统技术开发

1. 环境免疫型进口风机的硬点连接控制系统技术

风机控制系统将风机所有监测信号全部集成到现场 PLC 柜，再将所有信号通信至 DCS 系统进行监控及操作。由于无法保证通信数据的准确性及可靠性，这样难免会在正常运行中对操作人员进行误导，甚至造成设备损坏。风机现场控制柜离中央控制室距离偏远，一旦通信出现故障，现场响应时间慢，很容易造成重大事故。因此，从保证风机安全运行的角度考虑，将风机控制系统关键操作部分全部改为硬点连接，直接由现场接入 DCS 系统，监控部分保留通信连接，这样既降低了通信故障对系统造成的影响，也简化了系统操作。

由于风机控制系统有现场/远程转换系统，在进行现场与远程两种功能互相切换时，在切换的瞬间，应当保持控制器的输出不变，这样使执行器的位置在切换过程中不至于突变，不会对生产过程引起附加的扰动，保证系统无扰动切换。在人为操作过程中，难免会出现控制器输出不一致的情况，这样对系统及设备的冲击会非常大，严重的会损坏设备。因此，在将关键操作部分改为硬点连接的同时将现场/远程操作全部改为远程操作，既避免了系统无扰切换时的故障突发，也保证了系统安全稳定运行。

2. 安全确认型键入式操作及程序累加判断操作技术的创新

风机控制系统操作全部为人为键盘输入操作，由于人为操作时误操作概率大，难免会对风机系统造成严重影响甚至导致风机跳车，从而影响整个系统调

节。因此将风机关键操作部分全部更改为键入式操作，设定步长，每次操作只允许在步长范围内进行调整，超出步长范围的控制器不接受也不执行指令，操作无效。

由于风机系统是整个工艺系统中最关键的部分，因此在风机关键部分操作中加入二次确认（图 4-19），在第一次指令输入完成后，系统用弹出式窗口进一步提示操作人员确认此次操作，待操作人员检查无误后，再次输入指令，此时指令发出，在很大程度上避免了由于人为因素造成的误操作，保证风机系统安全稳定运行。

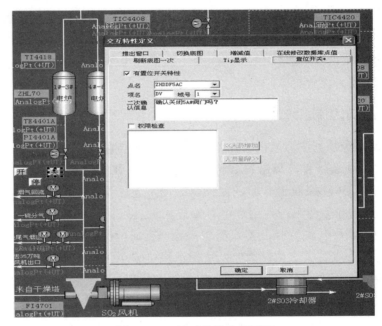

图 4-19　二次确认操作界面图

3. 跳车保护型延时及互锁控制程序的创新

风机电机系统仪表测温点除个别外置于风机系统上外，其余全部内埋在电机内部，在运行过程中，难免出现仪表信号由于信号干扰造成温度显示值突跳，所有测温点全部参与系统跳车，一旦突跳，就会造成系统跳车，很大程度上影响了风机系统的稳定运行。

针对这一现象，自主研发了测温点的报警、延时及互锁程序（原理图见图 4-20），对所有跳车信号均采取报警提示，以保证在第一时间发现系统存在的问题，做出判断并及时处理。经过长时间运行发现，电机绕组温度突跳频率偏高，多次造成系统不必要停车，影响了系统正常运行，由于电机绕组温度属于同类型仪表测点，位置相同，因此将电机绕组温度通过逻辑"与"进行互锁，一旦其中一处测点达到跳车值，另一测点正常，电机不跳车，只报警；当两处测点同时满足跳车值时，设备故障跳车，这样既可避免由于某一温度突跳而造成系统故障跳车，也保证了风机系统的稳定运行。由于电机轴承温度位置不同，仪表突跳误信号时间通常为 1～3s 不等，因此针对每个轴承温度在程序上设置 3～5s 延时，避开温度突跳时间，避免系统突跳故障，减少系统不必要跳车的频次，保证系统运行的稳定性。

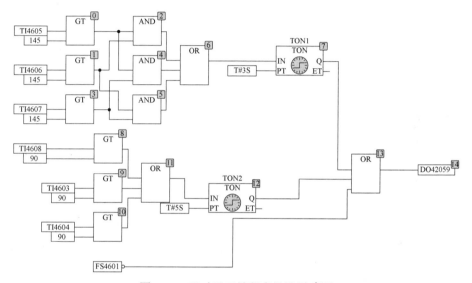

图 4-20 延时及互锁程序设计原理图

4．故障应急型防喘振控制系统的创新

大型风机在运行时因操作失误、操作过快或过慢等故障会导致风机进入喘振区域，一旦喘振得不到及时的遏制，继而发展为逆流，持续逆流就会造成风机毁机的严重后果。

3C 防喘振控制器和其他 3C 控制器都是以微处理器 CPU 为其核心部件组成的，它们在硬件配置上基本是一样的，主要由板组件、模拟 PCB 板组件、辅助 PCB 板组件、工程操作盘组件、操作盘组件、后面板或现场端子板组件(FTA)、电源组件 7 部分组成。

所有 3C 控制器在硬件配置上相同，都基于一个相同的硬件平台，当配以不同的控制软件时就组成不同的控制器。

3C 防喘振控制器主要是通过以下几个方面来实现真正的防喘振控制。

（1）通过选择一种合适应用函数计算出风机操作点与喘振点的距离。

（2）根据喘振发生的特点，将闭环控制和各种开环控制相结合，实现喘振控制。

（3）3C 防喘振控制器中设有极限控制、解耦控制和各种后备功能，提高了系统的稳定性。

（4）配备快速的测量和调节设备，提高防喘振控制系统的响应速度。

目前已经将 3C 防喘振技术与现有的 DCS 系统相结合的防喘振控制系统。

防止风机喘振的方法有两种。一种是风机的流量不小于临界值，当流量接近喘振流量值时打开防喘振阀；另一种是按某种计算函数来实现关系。飞动点的轨迹在坐标上接近某一曲线，当流量/（入口压力-出口压力）小于某一临界值后，风机将进入喘振区域。此时防喘振阀打开，以增加风机的进气量，同时使入口压力减小，出口压力增大，防止喘振。

大型风机的防喘振宜采用随动式喘振控制方案。绘制防喘振曲线的方法有两种。一种是根据制造厂所提供的机组特性曲线绘制，另一种是通过现场实测风机的运行数据绘制。在风机防喘振控制中，通过风机的喉部差压控制防喘振调节阀，其防喘振的调节器的设定值取自出口压力和静叶角的函数 $SV=F(p,2)$，如图 4-21 所示。当风机运行在防喘振线以下时，即 PV>SV 时，调节器输出 20mA，防喘振阀全关；当风机运行超过防喘振线时，即 PV<SV，防喘振阀自动打开；风机运行在防喘振线上，此时虽已不是正常工况，但却避免了风机喘振造成的严重破坏。一旦外部条件正常，风机将重新运行在正常工况的工作点上。如图 4-21 所示。

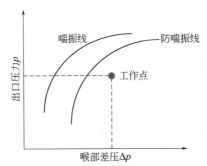

图 4-21　风机工作点与喘振线的关系图

3C 控制器采集风机喘振系统的所有监测点，显示并监控。最初的防喘振控制只能通过 3C 防喘振控制器控制并监控，由于现场控制柜与操作站距离远，一旦风机进入喘振区域，操作人员不能及时掌握信息并作出判断，因此，将 3C 控制系统与风机 PLC 控制系统进行通信，将所有监测点在 PLC 系统显示，再将 PLC 控制系统与 DCS 系统进行通信，将所有监测点在 DCS 画面进行显示并操作，这样既解决了操作人员盲区的问题，也将复杂的控制逻辑转换为简单的、易懂的控制逻辑，简化并方便了操作。见图 4-22。

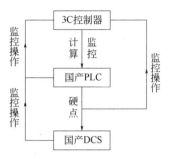

图 4-22 3C 控制与 PLC、DCS 结合的流程图

通过现场取点并验证计算出风机的喘振区域，包括喘振临界点，根据喘振临界点，设定风机喘振区域前的报警点，并通过颜色显示清晰地分辨出风机是否达到喘振区域。通过 DCS 将 3C 防喘振控制逻辑编译成 DCS 逻辑，在工作条件达到喘振值时，设定防喘振阀的联锁条件，保证风机在喘振区域内安全运行。在风机显示画面增加防喘振阀限位条件，方便在系统开/停车时调试阀门的准确性，并在启动条件中加入防喘振阀开到位条件，保证风机运行的稳定性。

新型防喘振控制系统在 3C 控制系统的技术上进行了二次开发，通过对出入口压力、出入口温度和入口风量的实时监测，计算风机在不同负荷下的喘振临界点。如图 4-23 所示。

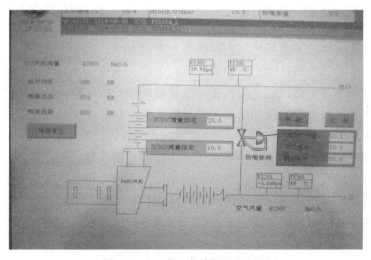

图 4-23 二次开发喘振运行画面

新型喘振控制的研发，可实现全时段内对风机喘振的检测与调节，在系统运行时，PLC控制界面上会同时显示喘振功率和运行功率的实时数值，正常运行时喘振功率始终小于运行功率，当系统负荷波动较大或误操作时，风机运行功率发生偏移，若运行功率小于喘振功率时，系统回流阀会自动打开30%，急速从出口向入口补充气量，同时系统会继续运行计算喘振功率与运行功率的关系，并根据计算结果选择以10%递增关系继续打开回流阀，当运行功率大于喘振动率时，意味着风机性能点被自动拉回安全运行范围内，回流阀停止动作，保持原位运行，实现全时段自动调节风机性能。

（二）应用效果

PLC到DCS控制系统的硬点连接技术，是适应制酸系统环境的设备环境安全举措，硬点连接技术的实践应用，避免了厂区内部高压等设备或现场腐蚀性介质对通信网络的影响，确保风机运行过程中所有的连接点安全可靠，硬点改造技术应用以来，彻底避免了风机的误动作跳车，为冶炼系统稳定运行创造了良好的后续工艺环境。

根据人的基本行为和基本意识开发的键入式及二次确认操作，强制性或限制性地避免了人为因素造成系统事故或故障，实现人、机的匹配化运行，进而保证了进口二氧化硫风机的安全运行。

根据仪表故障信号持续的时间及频次开发了跳车保护型延时及互锁程序，彻底避免了仪表误信号及误动作造成系统非故障停车，实现机、环的匹配化运行，保证了系统的稳定运行。

防喘振控制系统的目的在于喘振监测和喘振控制，引起喘振的原因为人为操作失误或操作错误，而人为操作的根本原因为工艺条件和现场环境的改变。防喘振技术的实施的效果包括以下两个方面：

第一，当工艺条件改变或现场环境改变时，风机工况点可能会在短期内迅速偏移，此时若中央控制室未能及时改变现场阀门的开度，风机将进入喘振区运行，防喘振系统开始自动动作，将风机工况点从喘振区拉回运行区运行，以保证设备不受损坏。

第二，当岗位工在随着冶炼系统的负荷改变系统运行工况点时，由于人为操作阀门时快慢或阀门操作次序掌握不到位，引起风机工况运行点的偏移，防喘振系统自动动作，避免风机进入喘振区运行。

防喘振系统调节更加灵活、方便，提高了风机控制系统的稳定性、可靠性和经济性。在系统开/停车和正常生产过程中，该防喘振控制方案及风机全面的安全逻辑控制方案有效地避免了因人为因素和环境因素使风机进入喘振区，既保证了风机安全运行，同时也避免了因喘振或者过载引起的不必要停车，保证了生产连续性，降低了维护成本，延长了风机寿命。

防喘振系统既避免了人为因素的影响对风机的损坏，又避免了环境因素影响对风机的损坏，是人机环匹配化安全模式运行的典型改造技术，保障了工艺生产的连续性。近几年的生产运行实践证明，该防喘控制系统工作稳定可靠，抗干扰能力强，对系统调节起到至关重要的作用。

第五章　节能降耗创新优化

05 Chapter

能源高消耗是工业生产的一个重要特点。随着国家对节能工作的日益重视和企业降低生产成本的需要，工业企业往往通过技术创新，对工艺和设备进行高效节能挖潜和改造等，以降低生产过程能源消耗，从而降低生产成本，提高市场竞争力。

冶炼烟气治理过程是通过制酸、吸收等技术将烟气中的 SO_2 转变为硫酸、亚硫酸钠等产品，烟气治理过程不仅实现了环境治理，同时实现了对烟气中 SO_2 资源的综合利用。但在烟气治理过程中，往往会产生一些富余热量，若不进行回收利用，不仅造成生产成本居高不下，同时也会造成资源的大量浪费，对环境产生二次污染。另外，在烟气治理过程中会涉及一些耗能设备或工艺环节，通过工艺和设备优化创新，减少能源消耗，对节能降耗工作意义重大。

本章重点对烟气治理过程中、低温位余热回收、关键耗能设备——风机的性能优化等创新技术进行阐述。

第一节　冶炼烟气制酸过程余热分段回收技术集成创新

硫酸生产过程中蕴藏着非常丰富的高、中、低温位热能资源。通常把硫焚烧过程中 800～1000℃ 的余热称为高温余热，约占余热总量的 55%，转化过程中 500℃ 左右的余热称为中温余热，约占余热量的 20%，干吸过程中 100℃ 左右的余热称为低温余热，约占余热量的 25%。高温余热和中温余热由于温度高，因此回收利用比较容易。目前国内硫黄制酸的高、中温位热能普遍得到回收，硫铁矿和冶炼烟气制酸的中温位热能也普遍得到回收利用。但低温余热温度低，且酸温与酸的浓度有关，回收利用难度大，因此大多数硫酸生产厂家没有对低温位余热回收利用，一般将生成的带有低温余热的酸经酸冷器，与冷却循环水进行换热降温，不但低温余热得不到回收利用，且为了降低酸的温度，还需要使用大量的冷却水，既浪费了能源，又浪费了水资源。本节重点对冶炼烟气制酸装置的中、低温余热回收创新技术进行阐述。

一、制酸转化过程中温位热能综合利用技术

在烟气制酸转化过程中 SO_2 转化为 SO_3 的反应为：

$$2\,SO_2 + O_2 \longrightarrow 2\,SO_3 + Q$$

反应过程中会放出大量的热，转化后的 SO_3 烟气温度很高，通常在 210～290℃之间。为确保 SO_3 烟气的吸收率，在 SO_3 烟气进入吸收塔之前需要降温，降至 160～190℃之间。随着冶炼技术的进步，冶炼烟气中 SO_2 浓度大幅提高，使得烟气制酸系统转化热量增加，转化器内温度上升，影响系统转化率，若转化热得不到有效转移，导致转化设备热变形，热量后移至干吸工序，影响干吸工序 SO_3 吸收率。所以，SO_3 烟气中富余的热量必须在进入吸收塔之前移走，避免过剩的热量进入吸收塔，造成吸收酸温上升及吸收率下降。

对转化高温烟气传统的降温方法主要是在转化工序和吸收塔之间设置 SO_3 冷却器，即 SO_3 冷却器与吸收塔通过烟气管道直接相连接，转化后的 SO_3 高温热烟气从上至下走 SO_3 冷却器管程并与自下而上的冷空气逆流间接接触换热，冷却后的 SO_3 烟气通过烟道进入吸收塔进行吸收。SO_3 冷却器为空心环管壳式换热器，具体冷却过程是通过冷却风机向冷却器壳程（自下而上）鼓入冷空气，高温 SO_3 烟气在冷却器管程（即换热管内，烟气从上至下）与壳程的冷风进行逆流间接换热，从而对高温 SO_3 烟气降温，置换后的热风直接排空。转化工段大量的富余热直接排入空气中，造成热资源的浪费。因此，从提高系统运行效率和节能降耗等方面考虑，必须对转化余热进行回收利用。

由于常规余热回收设备一般都是间壁换热，冷、热流体分别在器壁的两侧流过，一旦管壁或器壁腐蚀泄漏，则只能关闭烟气通道，系统进行停产后方可处理，造成严重的经济损失，这也是目前硫酸系统转化 SO_3 烟气降温中余热回收锅炉得不到广泛使用的重要原因。

针对传统制酸烟气转化余热不能有效回用的问题，开展了中温位余热综合利用技术研究，开发出了转化余热回收工艺技术，并研究应用了先进的分离型热管式余热锅炉，实现了转化中温位余热资源的高效回收利用。

（一）余热回收工艺技术创新

在中高浓度烟气制酸转化过程中，研究开发了转化余热移热升温技术并应用于 SO_2 转化过程，通过将转化各层热量平衡调配，令转化反应热量后移，为余热回收创造了条件。为实现余热资源回收利用，研发了制酸转化过程中温位

余热回收工艺,在保证转化热平衡的基础上,合理利用转化余热,提高了中温位余热回收率。

该工艺是利用冶炼烟气 SO_2 转化过程中产生的热量通过余热回收系统产生蒸汽,余热回收系统包括烟气冷却器及吸收塔,二者通过烟道相连,烟道由主烟道(图 5-1 中 A-B-C 和 D-E-F)和旁通烟道(图 5-1 中 B-E)构成,主烟道一端连接烟气冷却器,另一端连接吸收塔,主烟道上设有余热回收装置,从主烟道上引出一个旁通烟道,旁通烟道两端分别与烟气冷却器和吸收塔相连,主烟道和旁通烟道上均安装有一个阀门。工艺流程见图 5-1。

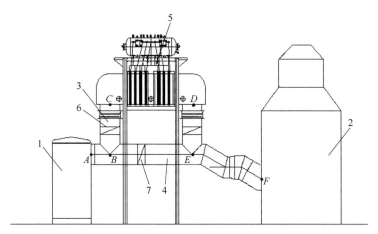

图 5-1   制酸系统转化中温位余热回收工艺流程图
1—烟气冷却器;2—吸收塔;3—主烟道;4—旁通烟道;
5—余热回收装置;6—主阀门;7—旁通阀门

该烟气余热回收系统正常运行过程中,烟气冷却器不启动,只作为 SO_3 烟气过烟通道。部分 SO_3 热烟气经主烟道进入余热回收装置进行余热吸收,部分 SO_3 热烟气进入旁通烟道,经过余热回收装置余热吸收后的低温烟气与通过旁通烟道的高温烟气在主烟道末端混合,调节主阀门和旁通阀门的开启量,使混合烟气温度达到 160~190℃,然后进入吸收塔进行制酸。

当余热回收装置出现故障需要停机时,临时开启烟气冷却器,同时关闭主阀门,通过烟气冷却器将 SO_3 热烟气降温至 160~190℃,使烟气经旁通烟道进入吸收塔。

因进入转化工序的烟气浓度波动较大,转化工序不同工况下,SO_3 烟气的温度会有所变化,为保证制酸工艺正常,使进入吸收塔的烟气温度保持在 160~190℃,通过调节主阀门和旁通阀门开启量,调节进入余热回收装置的烟气流量和进入旁通烟道的烟气流量,使经过余热回收装置余热吸收的低温烟气与通过旁通烟道的高温烟气在主烟道末端混合后温度达到160~190℃，从而保证制酸系统正常运行。因此，该工艺可实现烟气波动条件下的安全稳定送汽。

该工艺流程简单，运行可靠，不会因余热回收装置故障而停产，可有效利用SO₃烟气余热，而且便于控制进入吸收塔的烟气的温度，也适用于在原设备设施进出上进行改造，只需较少的成本即可完成，且改造过程完全不影响原降温系统的使用，可很好地满足余热回收和烟气制酸系统的温度需要。

（二）余热回收系统装置创新研究

常规余热回收设备一般都是间壁换热，冷、热流体分别在器壁的两侧流过，一旦管壁或器壁腐蚀泄漏，则只能关闭烟气通道，系统进行停产后方可处理，造成严重的经济损失。由于冶炼烟气制酸过程中，烟气带有大量的 SO_2、SO_3 等酸性气体，对换热器的材质以及换热方式要求较苛刻。热管换热器相较传统换热器具有不易被腐蚀的优点，因此，在转化中温位余热回收过程中，具有极大的优势，具体包括以下几点：

（1）热管换热设备较常规换热设备更安全、可靠。由热管组成的换热设备，是二次间壁换热，即热流体要通过热管的蒸发段和冷凝段管壁才能传到冷流体，而热管一般不可能在蒸发段和冷凝段同时破坏，所以大大增强了设备运行的可靠性。详见图5-2。

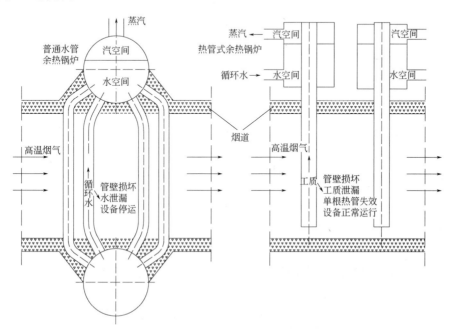

图5-2　热管换热器与普通换热器换热机理对比

（2）热管内部接近真空，封装工质在常温下即可汽化换热，传热效率高，启动速度快，能够快速适应烟气温度的波动。

（3）有效地防止积灰。换热器设计时能够采用变截面形式，保证流体通过热管换热器时等流速流动，达到自清灰的目的。

（4）换热系数高。废气和水及水蒸气的换热均在热管的外表面进行，而且废气热管外侧为翅片，这样换热面积增大，传热得到强化，因而使换热系数得到了很大的提高。

（5）热管换热器采用分组结构，布置灵活，结构紧凑，能适应场地要求。

（6）热流密度可变性。热管可以独立改变蒸发段和冷凝段的加热面积，这样可以控制管壁温度以避免出现露点结灰或酸腐蚀。

（7）热管换热器为非标设备，没有锅炉要求的资质文件，不需要每年接受锅检所检验。

1. 分离型多管束热管循环式余热回收装置的创新应用

热管作为热超导元件日益为更多的人所公认，而分离式热管是将热管的蒸发段和冷凝段分开布置，传热工质在低端蒸发段中吸热蒸发，蒸汽经上升管流向高端冷凝段，在冷凝段凝结并放出潜热，冷凝液经下降管流回蒸发段，如此循环往复不断将热量由蒸发段输送到冷凝段，达到高效传热的目的。其工作原理如图 5-3 所示。

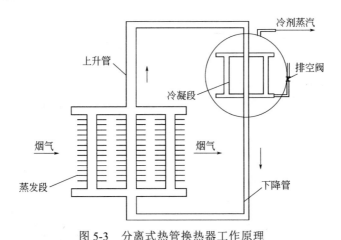

图 5-3　分离式热管换热器工作原理

分离型循环管式热管锅炉结构如图 5-4 所示，由热管加热段，上、下联箱，外联管（热管上升管和热管下降管）及热管放热段，汽包等部分构成。热管受热段置于热流体风道内，热流体横向冲刷热管受热段，热管元件的冷却段设置在汽包内，汽、水系统的受热和热源分离而独立存在于热流体的通道之外，汽、水系统不受热流体的冲刷。热管元件（包含吸热段、放热段、上升管、下降管）内的工质密闭循环，汽包内的汽、水不参与循环，烟气侧与汽、水侧实现真正意义上的完全分隔。上下联箱的结构降低了制造难度，上下联箱通过外联管路与汽包内的热管元件冷侧连接。

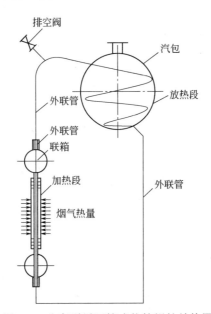

图 5-4　分离型循环管式热管锅炉结构图

分离型多管束热管循环式余热回收装置的主要组成部分为多管束热管，通过在全封闭真空管内工质的蒸发与凝结来传递热量，具有极高的导热性、良好的等温性、较大的传热面积、可远距离传热、可控制温度等一系列优点。

热管元件在使用一定周期而性能衰减后，通过设置在外联管路上的真空阀，可以使热管再生，热管元件工作能力恢复设计状态。

分离型热管锅炉设计时取消热管元件的夹套，热管元件冷侧与热侧均处于自由膨胀状态，设备工作时，热管元件没有热应力。

设备的密封较夹套管式热管锅炉简单。分离套管式热管锅炉每个热管元件都需与烟道壳体的管板焊接，焊缝很多。

分离型循环管式热管锅炉将每组热管元件集成后，与烟道壳体焊接，热管元件与烟道壳体的焊缝数量大大减少；同时，焊缝数量减少后，各焊缝之间均保持合理的维修空间，即使遇到意外情况，发生焊缝泄漏，也可以很方便地修补。

2. 余热锅炉系统

余热锅炉热管蒸汽发生器采用分离型循环管式蒸汽发生器,主要由蒸发器、汽包组成。上部是汽包，下部是烟气通道，蒸发器将汽包和烟道连成一体。蒸发器内的热管受热段上焊有高频焊翅片以强化传热，汽包内的热管放热段为光管。热管将烟气富余热量传给汽包内的饱和水，使其汽化生产所需蒸汽（汽水混合物），达到将高温烟气余热转化为蒸汽的目的。

由于余热锅炉采用分体式热管锅炉，热管锅炉设置上、下锅筒，汽/水在上、下锅筒之间自然循环；热管冷侧设置在下锅筒内。汽水侧（即汽包）与烟气通道分别放置，二者彻底分开（锅炉上升和下降管路为热管工质循环管路，而非汽包内汽水循环管路），绝不会发生锅炉给水泄漏进烟道的事故。见图5-5和图5-6。

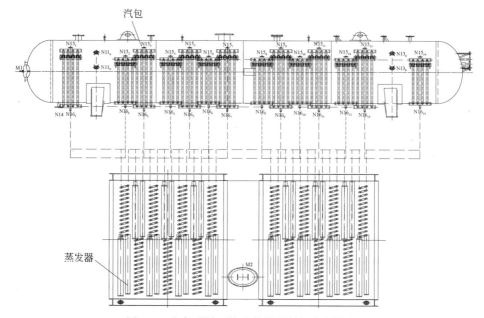

图 5-5　分离型循环管式热管锅炉设备结构图

图 5-6　分离型循环管式热管锅炉实体图

3. 自动控制系统

余热回收系统全部采用先进的 DCS 控制系统进行自动控制,所有控制信号和显示信号均传输至中央控制室,对余热回收系统的全部控制与操作均采用自动联锁、自动完成,操作人员只需进行远程监控即可。

除盐水进水气动阀门与软水箱液位计联锁从而盐水自动进水外,并设有计量装置。软水箱中的除盐水经除盐水泵(采用变频电机)输送至除氧器(变频电机与除氧器液位计联锁)除氧,除氧后经锅炉给水泵(采用变频电机)输送至两台余热锅炉汽包(锅炉给水泵分别与两台余热锅炉汽包液位计联锁)。其中除盐水泵(一开一备)为变频调速水泵,由除氧器设定液位上下限进行自动控制;锅炉给水泵(两开一备)也为变频调速水泵,由两台汽包设定液位上下限分别对各自对应的给水泵进行自动控制,避免锅炉烧干。

转化出来的高温 SO_3 烟气分别进入各自对应的余热锅炉蒸发器,通过余热装置旁通烟道上的电动调节阀与吸收塔入口 SO_3 烟气温度联锁进行自动调节。余热锅炉生产的饱和蒸汽通过余热锅炉蒸汽压力与锅炉蒸汽出口烟道上的气动调节阀联锁,调节饱和蒸汽自动连续输出;提供给除氧器使用的蒸汽也由除氧器的温度与从蒸汽总管接入的气动调节阀联锁进行自动控制;余热锅炉出口管道蒸汽总管设置蒸汽流量计进行蒸汽计量。

另外,余热锅炉连续排放至连排扩容器和定期排放至定排扩容器也是由汽包的液位与两台气动电磁阀联锁进行自动控制。自动取样装置将余热锅炉、除氧器、软水箱、饱和蒸汽中的锅炉水、除氧水、除盐水、饱和蒸汽经过自动取样分析后,通过硫酸系统的 DCS 控制系统将分析结果显示在中央控制室的计算机画面上,实现操作人员随时进行监控。

(三)应用效果

该技术应用后,余热回收装置与原有的 SO_3 冷却风机配套使用,一方面可实现吸收塔的入口 SO_3 烟气的温度精确控制,既能优化系统工艺指标,又能提高烟气的吸收率,另一方面可回收进入吸收塔 SO_3 烟气的余热,且降低了 SO_3 风机的电能消耗,同时二者可随时切换,可保证制酸系统稳定生产,避免因故障停产造成冶炼和制酸系统的经济损失;技术应用后,将转化富余热量有效回收生产饱和蒸汽,降低了硫酸系统生产成本。该技术适用于所有在建硫酸系统和已建制酸系统转化工序增加余热回收的技术改造,且施工过程中不影响原有系统的正常生产。该系统操作简单,采用 DCS 控制系统,通过设备、阀门等与系统相应工艺参数联锁,实现了全程无人自动控制。

二、低温位吸收热能回收利用技术

在硫酸生产的干燥和吸收过程中，伴有大量的反应热、冷凝热和稀释热产生，这部分热量因温度相对较低，通常称为低温位热能。在干吸过程中，为保证 SO_3 吸收率，必须将两级酸温稳定在 $60 \sim 90 ℃$，常规制酸工艺中，通常采用阳极保护浓酸冷却器进行浓硫酸降温冷却，通过冷却循环水将干吸热带走，导致余热资源白白浪费。

利用硫酸装置低温位热能产生蒸汽是热能利用的理想方法。目前，随着硫黄制酸配套低温位余热回收技术的推广应用，大量硫黄制酸装置的低温位热能已得到充分回收利用，但在硫铁矿制酸中应用极少，尤其在冶炼烟气制酸装置中，受冶炼烟气工况条件限制，制酸系统 SO_2 浓度、气量、含氧量波动量大，转化热平衡不稳定，且吸收过程酸浓度变化较大，一方面造成塔体及管道腐蚀加剧，另一方面受吸收效率、酸温和耐腐蚀材质影响，吸收不稳定，热源不稳定，导致低温位余热回收受到限制。

为实现冶炼烟气制酸系统低温位余热回收利用，减少冶炼烟气制酸过程冷却水消耗，本节对低温位余热回收工艺进行研究应用。

（一）低温位余热回收工艺流程

低温位余热回收系统主要由热回收塔及泵槽、酸循环泵、锅炉、稀释器、加热器 5 台设备组成，其工艺流程见图 5-7。

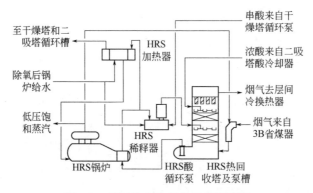

图 5-7　低温位余热回收工艺流程图

由图 5-7 可见，低温位余热回收技术分别采用热回收塔和锅炉取代了传统工艺中的一吸塔和一吸塔酸冷却器。来自 3B 省煤器的烟气经过低压蒸汽（来自锅炉并经过减压）喷射后进入热回收塔底部，向上依次流经下部（一级）和上部（二级）填料层，使三氧化硫分别被高温 $w(H_2SO_4)$99%浓硫酸和低温 $w(H_2SO_4)$98%浓硫酸吸收，然后经过特制的除雾器除雾后排出。一级循环酸和二级循环酸吸收三氧化硫后流入塔底泵槽，由酸循环泵输送至锅炉，继续加热来自加热器的锅炉给水，生产 1.0MPa 低压饱和蒸汽。经过锅炉冷却后的浓硫酸进入稀释器，通过加水稀释到 $w(H_2SO_4)$99%，然后再返回热回收塔一级分酸器。由于热回收塔二级循环酸和稀释器的串酸分别从二吸塔和干燥系统引入，再加上热回收塔内吸收三氧化硫所产生的硫酸，所以需要相应地将这部分硫酸串出低温位余热回收系统。这部分高温浓硫酸经加热器与锅炉给水换热降温后，分别送至干燥塔和二吸塔循环槽。

为了提高吸收效率，对热回收塔进行了研究。热回收塔内设计了两级吸收、两级填料，一级高效捕沫装置，烟道入口加装蒸汽喷射装置。

两级高温吸收中，第一级吸收是将换热后的循环酸与高温烟气逆流接触，烟气热与接触反应热移位，但受高温条件下吸收效率不高的影响，一级吸收无法实现完全吸收，而吸收热成为一级吸收的主要作用。

考虑到一级吸收不完全的问题，在其上端设计二级吸收，二级吸收母酸来自于最终吸收塔（酸温 80～90℃），二级吸收效率得到保障，出塔烟气温度有效控制，热利用率进一步提升。

同时在热回收塔烟气入口采用蒸汽喷射技术，将省煤器出口温度为 160～190℃的烟气提升至 220～250℃，对高温吸收循环酸温进行适当补热，同时通过蒸汽与烟气的逆流接触，提高烟气含水，提高高温烟气在吸收过程中的放热量，避免 SO_3 冷凝，另外，应用了新的奥氏体不锈钢，满足了高温条件下设备的稳定运行。

热回收塔结构和蒸汽喷射示意图如图 5-8 和图 5-9 所示。

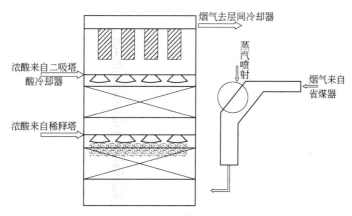

图 5-8　热回收塔结构示意图

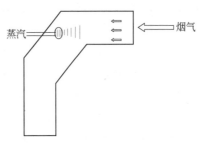

图 5-9   蒸汽喷射示意图

（二）低温位余热回收主要设备

1. 热回收塔及泵槽

热回收塔为立式圆筒形平底结构，泵槽为卧式，与塔底部连为一体。该塔采用 MECS 专门提供的 ZeCor 合金制作。热回收塔为喷淋填料塔，设有上下 2 层填料、支撑格栅、分酸器以及除雾器。一级分酸器和二级分酸器以及置于塔顶的高效纤维除雾器均为 MECS 的专有产品。

2. 锅炉

锅炉是利用来自热回收塔底的高温浓硫酸加热来自加热器的锅炉给水而产生蒸汽的设备。锅炉为卧式带汽包的列管釜式锅炉，壳体主要材料为碳钢，列管材料为特殊合金钢。

3. 稀释器

稀释器是低温位余热回收工艺所独有的设备。其主体采用衬耐酸材料层的合金钢制作，内设加水喷头和自搅拌装置。稀释水通过喷头喷射到不断搅拌的循环酸内，以确保稀释后的酸浓度尽可能均匀。由于水加入到浓硫酸内会产生剧烈的稀释反应，因此对稀释器包括支撑钢结构均进行了专门的设计。

4. 加热器

加热器为卧式管壳式换热器，壳体为不锈钢、列管为特殊合金钢制作。管程和壳程的介质分别为来自锅炉的高温浓硫酸和来自除氧器的锅炉给水。

5. 酸循环泵

酸循环泵为立式液下离心泵。鉴于该泵是低温位余热回收系统中最重要的动设备，且运行工况较传统工艺中的酸循环泵要恶劣得多，故选用了世界上较先进的 Lewis 高温浓硫酸泵。该泵是针对低温位余热回收技术应用中的高温浓硫酸特性而设计的，其主要材料为特殊合金。

6. 仪表及自动化

因为一旦高温浓硫酸的浓度降低至低温位余热回收技术的控制范围之外，

其腐蚀性将成数量级地增加，对装置带来毁灭性的灾难，同时对人身安全造成严重威胁，所以低温位余热回收系统的仪表控制及自动化要求比传统吸收工艺高很多。为此，低温位余热回收系统很多仪表的设计和选型都相当严格，以将精确的测量数据传输到各控制元件或阀门，继而通过适当的自动调节将各工艺参数控制在所要求的范围之内。此外，为保证装置安全、稳定地运行，低温位余热回收系统还设置了多个联锁控制系统。

（三）低温位余热回收安全操作技术的应用与研究

低温位余热回收系统控制主要的工艺变量以实现 SO_3 最大化吸收、最大化蒸汽产量、最小化腐蚀率、最小化酸雾形成并将酸从系统输入或输出。低温位余热回收工艺特点是在较高温度下操作并且不锈钢设备更多地暴露在 H_2SO_4 介质中，因而低温位余热回收对于工艺干扰更为敏感，在正常操作范围外进行操作，即使操作时间很短（只有 1h）也会导致不锈钢设备产生严重损坏。因此对系统的操作要求更为苛刻。低温位余热回收工艺的正常硫酸浓度范围为 99.0%～99.7%，温度操作范围为 227℃ 以下。热回收塔出口处的酸浓度应保持低于 99.7% 以维持塔的有效吸收。为保护不锈钢设备，至热回收塔第一级入口处（稀释器出口）酸浓度一般不允许下降到 99% 以下。唯一的例外为开车期间当酸温度低于 93℃ 时。即使在开车期间，循环酸浓度也决不允许下降到 97%。若酸温超过 120℃ 或浓度下降到 97% 以下，必须停车用新鲜的浓酸与循环酸进行置换。当酸温高于 70℃，若酸浓度下降到 97.0% 时，必须停车。在开车期间，若酸浓度下降到 96%，立即将所有酸从热回收塔中泵出并用浓硫酸代替。在正常硫酸浓度及温度操作范围内，年腐蚀率应为 0.0254mm 左右。

（四）应用效果

烟气制酸系统硫酸高温吸收-余热回收技术与传统吸收工艺相比，吸收酸温由 100℃ 以下提高至 200℃ 左右，通过耐酸耐高温合金的研究应用，使干吸装置浓酸条件下耐受温度上限由 120℃ 提高至 280℃；蒸汽喷射-两级吸收技术有效解决了热回收与高吸收率的矛盾，进而利用高达 193℃ 的 99% 硫酸吸收 SO_3，并将吸收后 227℃ 吸收酸通过锅炉回收热量，生产低压蒸汽。以上技术突破了常规冶炼制酸干吸热量难以回收的瓶颈，使干吸热回收技术首次在冶炼制酸领域得到应用，显著提高了硫酸热能回收率，同时副产 1.0MPa 蒸汽 0.55t（每吨酸）。

第二节   进口风机导叶预旋节能技术创新

风机作为烟气输送的关键设备，在冶炼烟气治理过程中起着至关重要的作用。入口导叶是风机的关键部件，安装在风机叶轮入口处，其作用是实现风机入口流量调节，并提前改变风机入口烟气气流旋向，使进入叶轮的气体形成预旋，实现节能或提压效果。入口导叶对流量的调节与导叶安装角密切相关，其调节机理如图 5-10 所示。

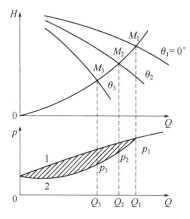

图 5-10   入口导叶调节机理

当入口导叶安装角 $\theta=0°$ 时，入口导叶全开，导叶对进口气流基本上无作用，气流将以径向流入叶轮叶片。当 $\theta>0°$ 时，入口导叶开启，入口导叶将使气流进口的绝对速度沿圆周速度方向偏转 θ 角，同时对气流进口的速度有一定的节流作用，这种预旋和节流作用将导致风机性能曲线下降，从而使运行工况点变化，适应不同工况要求。

由于入口导叶预旋和节流的双重作用，在实际运行过程中通过改变风机运行性能曲线，既可实现风机流量调节，又可降低风机实际功率损失，尤其是预旋作用配合液力耦合器的调速功能使用，在降低风机功率损失方面具有显著效果。

入口导叶对叶轮入口气体的预旋可实现正预旋和反预旋，正预旋是气体旋向与叶轮转向相同的预旋，反预旋是气体旋向与叶轮转向相反的预旋。根据工艺技术要求改变进口风机入口导叶的预旋方向，以实现工艺要求的匹配化生产，对风机节能具有重要意义。

一、入口导叶预旋节能机理研究

离心风机入口导叶的配置使烟气在进入叶轮之前开始由轴向流动逐级地转变为螺旋推进运动，即使气体在进入叶轮前产生预旋，通过改变气体的预旋角度补偿气体进口速度三角形的圆周速度分量，使气体进口角度与叶轮进口安装角相同，尤其在小流量状态下，由于前导向的切向作用较强，圆周速度分量使叶轮进口气流的速度三角形（图 5-11）与额定流量下相似，从而改变风机的性能曲线，保证风机在安全区域运行。

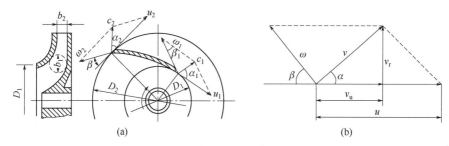

图 5-11　风机前导向的速度与气流的三角形图

图 5-11 中，u 为气体随叶轮旋转的圆周牵引速度，ω 为气体相对叶片流动的相对速度，v 为气体在叶轮中的绝对速度，v_r 为绝对速度的径向分量，v_u 为气体绝对速度的圆周分量，β 为叶片进口安装角，α 为叶片工作角。

如图 5-12 所示，根据欧拉方程式 $HT=(u_2Tv_{u2}T-u_1Tv_{u1}T)/g$（式中编号 2 为出口，编号 1 为进口），当入口导叶的预旋作用为正预旋时，入口导叶预旋作用与叶轮对气体的预旋作用相互叠加，进口气体圆周方向的速度分量增大，气体压头降低，叶轮对气体做功较少，电机电流较小。随着前导向的逐渐增大，气体圆周方向的速度分量由强减弱，气体压头升高，电流逐渐增大，入口导叶达到全开状态时，气体预旋的切向力减小到最小（趋于 0），此时风机达到额定流量与额定压头，这一特性符合离心压缩机的性能调节。

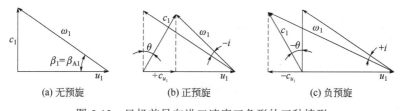

图 5-12　风机前导向进口速度三角形的三种情形

当入口导叶的预旋作用为反预旋时,进口气体圆周方向的速度分量反向(与图 5-11 中 v_u 反向),此时叶轮对气体的预旋作用被削弱,入口导叶的反预旋作用成为主导作用,$v_{u1} < 0$,根据欧拉方程式可知,风机的压头比无预旋时要大,气体从叶轮中获得的能量较大,风机电流升高。随着入口导叶逐渐增大,虽然入口导叶的切向作用逐渐减弱,但此时流量增加较快,流量产生反预旋作用,因此风机的功耗继续增加,电流增大。当入口导叶开到某一位置时(部分资料显示为 30%~40%),风机流量与入口导叶的双重反预旋作用达到最大值,此时风机的电流最大,功耗最大,但是,随着前导向继续开大,风机流量与前导向的双重作用减弱,风机的电流略有下降,功耗亦略有下降。

因此,入口导叶正旋作用时风机的功耗较反旋作用时低,但入口导叶反旋作用可以获得较高的压力及较大的流量。

另外,从机械性能角度分析,当入口导叶正旋作用时,风机系统在小流量状态下,依靠入口导叶的冲角补偿作用(绝对速度圆周方向分量补偿),保证风机在安全区域运行。当入口导叶反旋作用时,入口导叶的反旋与流量增大形成的反旋作用形成双重反旋影响,气体在进入叶轮时冲击叶轮凹面(非工作面),由于风机非工作面的气体行程短于工作面气体行程,气体对非工作面的冲击同时具有反作用力,促使风机叶轮内部产生涡流,从而激振风机叶片,使叶片非工作面对气体做功增加,电流上升,系统温升升高,冲击损失增大,效率降低。

入口导叶在离心风机的应用过程中,当正预旋作用时,同负载工况下风机的压头较低,电流较低,在小流量状态下可较好地调节性能曲线,使风机运行在稳定工况点,避免设备的喘振或失速;当入口导叶反预旋作用时,同负载情况下风机的压头较高,电流较高,小流量状态下风机的压头升高较快,流量增大,但是反预旋作用时,气体进入叶轮的正冲角过大,容易引起设备振动,造成冲击损失,进而影响设备运行。因此,在反预旋作用时,应严格控制入口导叶的预旋角度。

入口导叶在正预旋作用时风机性能曲线向小流量区域移动,入口导叶为反预旋时性能曲线向大流量区域移动,无论正旋还是反旋作用,入口导叶与风机叶轮的匹配还存在很多的影响因素,如导叶与叶轮的轴向距离、导叶的叶片结构等,正确设计入口导叶与风机叶轮的匹配参数,才能更好地利用入口导叶的原理选用合适的导叶进行工艺控制,并确保风机系统的稳定运行。

二、进口二氧化硫风机入口导叶预旋改造

以某冶炼烟气制酸系统采用的美国 GE 公司生产的 D54JR 型风机为例,该

制酸系统烟气条件为：SO$_2$ 9.299%；O$_2$ 12.969%；N$_2$ 77.265%；CO$_2$ 0.455%；H$_2$O 0.012%；含尘 2mg/m^3；酸雾 5mg/m^3。该风机主要参数如表 5-1 所示。

表 5-1　某烟气制酸进口风机主要设计参数

工况点	1	2	3	4	5
质量流量/(kg/h)	285192	313704	313704	175277	192494
入口压力/Pa	0.733	0.713	0.783	0.713	0.783
入口温度/℃	45	55	55	40	40
入口流量/(m^3/h)	321952	375546	341961	200250	200250
出口压力/Pa	1.273	1.293	1.363	1.023	1.093
出口温度/℃	116.0	128.2	126.8	109.7	108.2
风机功率/kW	5386	6097	5973	3234	3474
转速/(r/min)	3249	3249	3249	3249	3249
IGV/%	30	0	16	64	66

D54JR 型二氧化硫风机自运行以来，由于风机实际运行工艺条件随冶炼系统变化而变化，且风机运行稳定工况点较少，导致风机实际运行点与设计工况点存在偏差，风机运行噪声大，温升大，电机运行电流较高，其运行参数如表 5-2 所示。

表 5-2　某制酸系统进口风机运行参数

IGV/%	入口风量/(×10^{4}m^3/h)	入/出口温度/℃	入/出口压力/kPa	前轴振动（PLC）/μm	后轴瓦振/(mm/s)	电流/A
40	23.8	33.3/131.7	75.8/126.8	14.7/18.1	1.4	575
40	23.6	32/131.3	73.3/118.3	16.7/18.1	1.7	615
39	24.3	26.5/125.6	74.3/119.7	16.8/18.7	1.5	627
42	24.5	29.6/126.7	73.4/121.5	20.4/22.4	2.2	623
52	24.7	38.7/130.3	72.5/125.7	20.6/15.6	1.3	609

从表 5-2 可以看出，风机实际运行温升接近 100℃，出入口压比为 1.6～1.7，当风机负荷为 39% 时，电机电流达到 627A，为额定电流的 85%，由于运行电流较高，风机温升较大，极大地浪费了功耗。通过对入口导叶正预旋与反预旋的分析，结合风机运行工艺参数，决定将 GE 公司原设计入口导叶的反预旋作用改为正预旋作用设计，以降低风机温升，同时降低电机运行功率。

为此，对入口导叶结构改造的可行性进行了研究。入口导叶共有 11 个导叶片，每个导叶依靠内部转轴转动，转轴支撑采用轴承支撑，在转轴轴头（伸出壳体端）位置用销钉将转轴与转动块的相对位置固定，气缸上下运动实现入口导叶的开关。如图 5-13 所示。

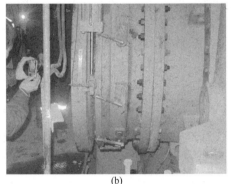

(a)　　　　　　　　　　　　　(b)

图 5-13　入口导叶结构图

由于入口导叶旋转角度为-10°～90°，在-10°的时候入口导叶全开，90°时入口导叶全关，要将反预旋改造为正预选需要改变转轴转动方向，要求在-10°时全关导叶片，90°时全开导叶片，因此需要改变销钉与转动块的位置以实现反向转动。另外由于入口导叶迎风面厚度大于背风面厚度，导叶旋向改变后背风面变为迎风面，若长期使用会影响入口导叶使用寿命，因此在改变销钉位置的同时必须改变每个导叶片的安装方向，以保证正预旋时导叶片的迎风面与导叶开度方向一致。

在充分确定入口导叶改造可行性的基础上，对入口导叶的预旋方向进行了改造，将前导向叶片拆除，拆除前对叶片安装顺序进行了编号，拆除后将叶片旋转 180°，并重新安装；将导叶转轴重新钻孔，钻孔位置与原销控位置相差 80°，以保证导叶旋转位置为-10°时全关导叶片，90°时全开导叶片。如图 5-14 中的（a）和（b）所示。

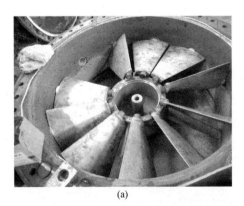

(a)　　　　　　　　　　　　　(b)

图 5-14　入口导叶旋转 180°重新安装（a）和导叶销控位置重新钻孔（b）

三、应用实践

风机入口导叶预旋改造完成并应用后，风机温升下降明显，改造前风机温升在 100℃左右，改造后温升在 59~62℃之间，喘振测试时最大温升为 75℃，显著提高了风机的多变效率。电流下降了 150~200A，电机功率下降 30%左右，极大地降低了风机功耗。该技术在 6600kW 风机系统中应用后，同等负荷下电流下降 150~250A，平均每年可节约 928×10⁴kW·h 电能。

第三节　柠檬酸钠脱硫法再沸器间接加热－直接汽提解析技术

在采用柠檬酸钠吸收解析法进行烟气脱硫过程中，普遍采用蒸汽作为热源对吸收富液进行加热，使其中的 SO_2 解析出来。行业内柠檬酸钠吸收解析法制取液体 SO_2 的工艺流程为：净化后的原料气（含 SO_2，6%~10%）经两级捕沫后，从底部进入吸收塔，柠檬酸钠循环吸收液（35~50℃）从塔顶喷淋而下，气液逆流接触，吸收液吸收原料气中 SO_2 而形成富液。富液通过循环泵循环，首先经预热器预热，再进入解析塔。解析塔内用钛制蛇形蒸汽盘管供热，使解析塔内溶液产生大量的水蒸气，水蒸气上升，与从解析塔塔顶喷淋下的富液逆流接触，将其中的 SO_2 气体解析出来，或用蒸汽与富液直接接触，对富液进行加热，使其中的 SO_2 气体解析出来，形成的贫液（含 SO_2 20~50g/L）由加热解析塔底流出，经冷却后回到贫液循环槽。解析出的高浓度 SO_2 气体送往后续生产液体产品或制酸。

在解析过程中，加热釜中不管是采用蛇管间接加热汽提还是采用蒸汽直接汽提，都存在局部过热现象，导致副反应加剧。解析塔中经常出现硫的沉淀，尤其是采用蒸汽直接汽提工艺，蒸汽消耗量大，柠檬酸钠吸收液的使用寿命短，需要频繁更换吸收液，增加柠檬酸钠消耗，且会影响开车率，提高系统运行成本。

一、柠檬酸钠解析过程副反应研究

由于解析工序温度高，柠檬酸钠为有机物，结构复杂，副反应也相应较多，而副反应的速度快慢直接影响着该工艺的技术经济指标。因此研究柠檬酸钠在解析过程中的副反应非常重要。

$$2\ \text{HO}-\underset{\underset{\text{CH}_2\text{COOH}}{|}}{\overset{\overset{\text{CH}_2\text{COOH}}{|}}{\text{C}}}-\text{COOH} \longrightarrow \Big[-\text{O}-\underset{\underset{\text{CH}_2\text{COOH}}{|}}{\overset{\overset{\text{CH}_2\text{COOH}}{|}}{\text{C}}}-\text{COO}-\underset{\underset{\text{CH}_2\text{COOH}}{|}}{\overset{\overset{\text{CH}_2\text{COOH}}{|}}{\text{C}}}-\text{CO}-\Big] + 2\ \text{H}_2\text{O}$$

A

$$\text{HO}-\underset{\underset{\text{CH}_2\text{COOH}}{|}}{\overset{\overset{\text{CH}_2\text{COOH}}{|}}{\text{C}}}-\text{COOH} \longrightarrow \underset{\underset{\text{CH}_2\text{COOH}}{|}}{\overset{\overset{\text{CHCOOH}}{\|}}{\text{C}}}-\text{COOH} + \text{H}_2\text{O}$$

B

$$H_2SO_3 + H_2O \rightleftharpoons SO_4^{2-} + 4H^+$$
$$H_2SO_2 + H_2O \rightleftharpoons H_2SO_3 + 2H^+$$
$$S_2O_3 + 3H_2O \rightleftharpoons 2H_2SO_3 + 2H^+$$
$$S + 3H_2O \rightleftharpoons H_2SO_3 + 4H^+$$

由于解析塔中存在着大量的游离柠檬酸，所以前两个反应必定会发生。柠檬酸分别被转换成 A、B 两种有机酸。这两种酸由于分子中没有羟基，因而酸性不及柠檬酸强。因此，在 115℃（解析釜的液温）就不能与 $NaHSO_3$ 发生反应生成 SO_2 及其钠盐，不转换成钠盐的 A 及 B 酸，就不具有吸收 SO_2 的能力。A、B 两种酸生成得越多，吸收率就下降得越厉害，最后只能调换新鲜的柠檬酸钠吸收剂。

在解析过程中，系统内具有一定的酸性，所以比较容易发生后面 4 个逆反应。这些反应不仅造成 H_2SO_3 的损失，降低了硫的利用率，而且生成的硫还会使塔系及管道堵塞，影响开车率。如果沉淀过多，不仅要清理堵塞部位，还必须调换吸收液。

综合这些副反应所存在的不利因素，降低产品单耗的关键在于减慢这些副反应的反应速率。而要减慢这些副反应，就要适当控制解析工序的温度，使之不致过高，但又不能太低，否则影响解析度，进而影响吸收率。

二、强制循环再沸自身相变汽提解析技术研究

解析工序温度的控制受解析工艺影响较大。传统的解析工艺通常采用蒸汽盘管式加热解析或蒸汽直接加热解析。采用蒸汽盘管加热解析时，采用蒸汽盘管周围传热不均匀，盘管周围温度高，导致局部副反应速率较高，盘管周围有很多柠檬酸钠副反应产生的结晶物，且解析后液体中 SO_2 残余浓度高，解析效果不好。

蒸汽直接加热汽提解析是将蒸汽直接通入解析塔中，汽提产生 SO_2 和水蒸气。水蒸气直接加热汽提解析可在很短时间内达到 45% 以上的解析率，解析出

的气体中 SO_2 浓度在 70% 以上。解析后气体经冷凝脱水后，SO_2 体积分数不低于 60%，若干燥、压缩后可生产液体 SO_2，也可用于生产硫酸。蒸汽直接加热汽提解析效果较盘管加热解析效果要好得多，适当控制温度和气液比可以较快较彻底地将溶液中的 SO_2 解析出来。但水蒸气直接加热气提解析有其难以克服的缺点：利用蒸汽直接汽提，蒸汽冷凝水进入循环液中，导致吸收液体积明显增大，系统水平衡破坏，且蒸汽消耗量大。

（一）强制循环再沸自身相变汽提解析工艺研究

针对蒸汽盘管加热解析和直接加热解析工艺存在的缺点，在借鉴石油化工行业中的再沸精馏工艺原理的基础上，进行了大胆的工艺创新，开发出了强制循环再沸自身相变汽提解析工艺（图 5-15）。该工艺采用外置式板式换热器，蒸汽和解析液在板式换热器中进行间接均匀换热，柠檬酸钠解析液受热减压后自身相变产生的蒸汽和初步解析出来的 SO_2 气体与由塔顶进入的柠檬酸钠吸收富液在填料层进行逆流汽提解析，蒸汽在上升过程中被温度不超过 50℃ 的富液冷却变成液滴下流，而 SO_2 气体则由风机抽出，换热后送到烟气制酸系统生产硫酸，SO_2 气体浓度约为 40%～50%。风机的作用是使得解析塔中保持微弱的负压，使得解析液只需要在 97～105℃ 范围内就能够发生相变，以便对溶液进行逆流接触汽提。如果没有负压存在，解析温度应在 115℃ 以上，此时不仅需要更多的蒸汽用于再沸器中溶液加热，而且柠檬酸钠容易发生副反应变质，引起有效成分降低，无法保证解析效率和经济运行。

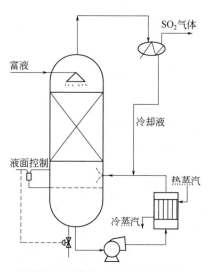

图 5-15　强制循环再沸自身相变汽提解析工艺示意图

　　为了保证在不增加加热蒸汽量的情况下使得更多的塔底液体发生相变和解析出 SO_2 气体，必须使塔底的液体不断进行液面更新，为此对塔底液体进行强制循环，即用一台泵将塔底的液体抽出，进入再沸器（即板式换热器）中进行加热，再送入塔底填料层下方，由于塔内带负压，加热到 100℃ 左右的混合液体在进入塔内的瞬间进行汽化。该技术汽提解析效果远好于蒸汽直接加热方式，可在很短时间内达到 50% 以上的解析率。

（二）强制循环再沸自身相变汽提解析设备研究

　　再沸器有很多种类型，有热虹吸式、强制循环式、釜式再沸器、内置式再沸器等。工业设计中对再沸器的基本要求是操作稳定、调节方便、结构简单、加工制造容易、安装检修方便、使用周期长、运转安全可靠，同时也应考虑其占地面积和安装空间高度要合适。立式热虹吸再沸器具有上述一系列的突出优点和优良性能，它是利用塔底单相釜液与换热器传热管内汽液混合物的密度差形成循环推动力，构成工艺物流在塔底与再沸器间的流动循环。这种再沸器具有传热系数高、结构紧凑、安装及调节方便、釜液在加热段的停留时间短、不易结垢、占地面积小、设备及运行费用低等显著优点。因此，在满足工艺要求的前提下，通常考虑选用立式热虹吸再沸器。

　　由于柠檬酸钠吸收液黏度较大，因此选用立式强制循环式再沸器，依靠塔底泵输入机械功进行吸收液的循环，适用于高黏度液体及热敏性物料、固体悬浮液以及长显热段和低蒸发比的高阻力系统。强制循环式再沸器的沸腾过程发生在管内侧，流体循环的动力由高容量泵提供。通常，确保蒸发率小于 1%，而流体经过出口管处的阀门后将完全闪蒸。在流体保持很高的流速和非常低的蒸发率的条件下，可使结垢的速率大大减小。

（三）强制循环再沸自身相变汽提解析率研究

　　SO_2 解析率是解析工序的一个重要指标，解析的好坏不仅决定着气相中 SO_2 的含量，也决定着柠檬酸钠吸收液返回使用时的效率。研究过程中考察了强制循环再沸器间接加热后进行自身相变汽提的可行性，其解析率与时间的关系如图 5-16 所示。

　　由图 5-16 可知，30min 后 SO_2 解析率可达 99.78%。利用这种板式换热器间接再沸加热使再沸液自身发生相变进行汽提的工艺可以较快地将溶液中 SO_2 解析，因此再沸器间接加热直接汽提来提高解析率是可行的。同时，再沸液自身相变后进行 SO_2 汽提的方法可使汽提过程中整个再沸液和解析完的贫液体积没有明显变化。

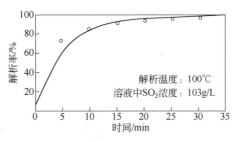

图 5-16　解析率与时间的关系

　　通过以上研究，形成了再沸器强制循环间接加热、解析液自身相变后进行汽提的一套技术体系，即柠檬酸钠溶液吸收 SO_2 后，通过吸收塔泵输送至解析工序，经换热器升温到 90℃后进入解析塔顶自上而下喷淋；柠檬酸钠贫液经强制循环再沸器加热至沸点，送至解析塔下部液面之上，由于塔内负压贫液自身发生相变产生蒸汽，同时释放出一部分 SO_2，二者的混合物向塔上部上升过程中，与塔顶流下的富液在填料层逆向接触，使其中的 SO_2 被解析出来，经冷却器、捕沫器降温除水后送去制酸或生产液体 SO_2 等产品；柠檬酸钠贫液用解析泵输送至换热器降温后进入吸收塔循环吸收。

三、应用实践

　　柠檬酸钠吸收液的强制循环再沸、自身相变汽提解析技术应用后，解决了传统蒸汽直接加热汽提或盘管间接加热汽提存在的因局部温度过高而导致部分吸收液碳化和吸收液体积膨胀、系统水平衡破坏的问题，延长了吸收液使用寿命，又解决了间接加热解析效率低的问题；同时避免直接加热法造成加热面直接接触的液温过热导致加热器设备腐蚀率增加和副反应加剧的问题，蒸汽循环使用，降低了系统蒸汽消耗。

参 考 文 献

[1] 夏清，陈常贵. 化工原理. 天津：天津科学技术出版社，1990.

[2] 汤桂华，赵增泰，郑冲. 硫酸//化肥工学丛书. 北京：化学工业出版社，1999.

[3] 华南理工大学化工原理教研组编. 化工过程及设备设计. 广州：华南理工大学出版社，1986.

[4] 贺天华，高凯. 硫酸生产操作工. 北京：化学工业出版社，2003.

[5] 南京化学工业（集团）公司设计院编写. 硫酸工艺设计手册（工艺计算篇）.

[6] 虞钰初等. 南京：化工部硫酸工业信息站，1994.

[7] 刁玉玮，王立业，喻建良. 化工设备机械基础. 大连：大连理工大学出版社，1989.

[8] 南京化学工业（集团）公司设计院编写. 硫酸工艺设计手册（物化数据篇）.

[9] 沙业汪，等. 南京：化工部硫酸工业科技情报中心站，1990.

[10] 陈英南，刘玉兰. 常用化工单元设备的设计. 上海：华东理工大学出版社，2005.

[11] 刘少武，齐焉，刘东，刘翼鹏，等. 硫酸工作手册. 南京：东南大学出版社，2001.

[12] 贺匡国. 化工容器及设备设计简明手册. 北京：化学工业出版社，1989.

[13] 化学工业部化肥司组织编写. 硫酸生产分析规程. 北京：化学工业出版社，1993.

[14] 刘道德. 化工设备的选择和工艺设计. 长沙：中南工业大学出版社，1991.

[15] 徐邦学. 硫酸生产工艺流程与设备安装施工技术及质量检验检测标准实用手册. 南宁：广西金海湾电子音像出版社，2004.

[16] 刘光奇. 化工物性工艺算图手册. 北京：化学工业出版社，2002.

[17] 刘少武，齐焉，赵树起，丁汝斌，等. 硫酸生产技术. 南京：东南大学出版社，1993.

[18] 汪寿建. 化工厂工艺系统设计指南. 北京：化学工业出版社，1996.

[19] 王志翔. 硫酸生产加工与设备安装新工艺新技术及生产过程分析质量检测新标准实用手册. 长春：吉林音像出版社，2005.

[20] 汪寿建. 化工厂工艺系统计算机辅助设计. 北京：化学工业出版社，2003.

[21] 陈五平. 无机化工工艺学. 第2版.（二）硫酸与硝酸. 北京：化学工业出版社，1989.

[22] 中国石化集团上海工程有限公司编. 化工工艺设计手册. 第3版. 北京：化学工业出版社，2003.

[23] 陈五平. 无机化工工艺学. 第3版. 中册：硫酸、磷肥、钾肥. 北京：化学工业出版社，2001.

[24] 上海化学工业设计院编. 化工工艺设计手册（共两册）. 上海：上海市商务印刷厂印刷，1975.

[25] 《机械加工技术手册》编写组. 机械加工技术手册. 北京：北京出版社，1989.

[26] 丘关源，罗先觉. 电路. 第5版. 北京：高等教育出版社，2006：5.

[27] 时钧. 化学工程手册. 北京：化学工业出版社，1996.

[28] 苏健民. 化工技术经济. 第2版. 北京：化学工业出版社，1999.

[29] 陈洪钫. 化工分离过程. 北京：化学工业出版社，1995.

[30] 徐灏. 机械设计手册. 北京：机械工业出版社，1992.

[31] 机械工业部. 泵产品样本. 北京：机械工业出版社，1997.

[32] 中国机械工程学会设备维修专业学会. 机修手册. 第3版. 北京：机械工业出版社，1993.

[33] 赵玲玲. 维修电工基本技能. 北京：金盾出版社，2007，11.

[34] 匡国柱. 化工单元过程设计. 北京：化学工业出版社，2001.

[35] 顾绳谷. 电机及拖动基础（上、下册）. 4版. 北京：机械工业出版社，2007.

[36] 杨兴瑶. 电动机调速原理及系统. 北京：水利水电出版社，1979.

[37] 巫松桢，廖培金，陈燕. 电气工程师手册. 第 2 版. 北京：机械工业出版社，2002.

[38] 电力工业部西北电力设计院编. 电力工程电气设备手册 电气二次部分. 北京：中国电力出版社，1996.

[39] 《工厂常用电气设备手册》编写组. 工厂常用电气设备手册（补充版）. 北京：水利电力出版社，1993.

[40] 刘玉强，刘世和. 冶炼烟气网络治理技术. 中国有色金属，2008（3）：68-74.

[41] 刘玉强，刘世和. 冶炼烟气网络配置技术的应用. 硫酸工业，2007（2）：22-26.

[42] 刘玉强，刘世和. 金川公司化工厂制酸现状与发展. 硫酸工业，2009（1）：27-30.

[43] 刘玉强，孙治忠. 金川冶炼烟气中硫资源的回收利用. 矿业研究与开发，2003（1）：123-125.

[44] 刘玉强，常全忠. 金川公司冶炼烟气综合治理回顾及展望. 天津橡胶，2004（5）：10-14.

[45] 刘玉强，常全忠. 新型干吸塔在冶炼烟气制酸中的应用. 硫酸工业，2008（6）：24-26.

[46] 刘玉强，刘世和. 镍冶炼烟气制酸的酸性废水减排及再利用. 硫酸工业，2008（1）：28-32.

[47] 孙治忠，刘玉强. 冶炼烟气三段四层净化除氟技术的开发及应用. 硫磷设计与粉体工程，2012（1）：1-6.

[48] 常全忠. 用冶炼烟气生产亚硫酸钠. 硫酸工业，2002（1）：43-45.

[49] 史万敬，常全忠，宋莹，程华花. 冶炼烟气制酸中催化剂粉化原因与控制对策研究. 硫酸工业，2012（6）：5-11.

[50] 史万敬，张述荣，刘元戎，等. 进口 SEL-16A 型二氧化硫鼓风机修复再利用. 硫酸工业，2013（3）：10-13.

[51] 李芬霞，孙治忠，何春文，等. 超高浓度冶炼烟气制酸过程分流转化技术研究. 世界有色金属，2015（6）：36-38.

[52] 常全忠，毛艳丽，张宏昌，等. 530kt/a 烟气制酸转化工序改造与生产实践. 硫酸工业，2012（6）：24-26.

[53] 常全忠. 金川集团以硫资源为龙头产业链的发展与规划. 硫酸工业，2010（6）：11-15.

[54] 冯拥军，常全忠，郭效瑛. 金川集团提高 SO$_2$ 回收率的各项举措. 硫酸工业，2013（3）：19-23.

[55] 冯拥军. 新型湍冲洗涤塔的设计与应用. 硫酸工业，2010（6）：35-38.

[56] 冯拥军. 硫酸尾气碱性废水脱硫的研究与实践. 硫酸工业，2013（3）：45-47.

[57] 冯拥军. 生产亚硫酸钠是多炉窑冶炼烟气制酸的有效补充. 硫酸工业，2011（1）：34-36.

[58] 史万敬，许明鹏. 进口导叶对离心风机预旋作用的探索. 化工机械，2013（3）：327-329.

[60] 史万敬，魏占鸿，张莉敏，等. 480kt/a 硫酸系统转化工序消除瓶颈实践. 硫酸工业，2013（1）：33-35.

[61] 孙治忠，许明鹏，史万敬. 调速型液力耦合器工作油温超标原因分析与对策. 化工机械，2015（4）：587-590.

[62] 史万敬，毛艳丽，唐照勇，等. 电解净化废液脱硫的反应特性研究与工程化应用. 有色金属（冶炼部分）：2016（8）：74-77.

[63] 路八智，李燕梅，史万敬，等. 硫化矿活性矿浆烟气脱硫技术适用性探析. 工业安全与环保，2016（12）：76-78.

[64] 史万敬，程华花，彭国华. 镍闪速炉干燥窑低浓度 SO$_2$ 烟气治理技术的研究与应用. 硫酸工业，2017（6）：53-56.

[65] 孙治忠，马旻锐，唐照勇，等. 活性矿浆脱硫可行性研究及其有效组分分析. 化工进展，2017（3）：147-153.

[66] 孙治忠，唐照勇，瞿尚君，等. 活性矿浆湿法脱硫技术工程应用研究. 化学工程，2017（2）：7-11.

[67] 孙治忠. 有色冶炼烟气生产发烟硫酸技术的优化及应用. 化学工程，2015（6）：75-78.

[68] 孙治忠，方永水，张宏昌. 冶炼烟气制酸系统酸性废水治理安全管控研究与应用. 世界有色金属，2015（8）：48-50.

[69] 孙治忠，孙胜利，宋莹，等. 硫酸生产转化工学换热器Ⅲ的腐蚀原理及防护措施. 硫磷设计与粉体工程，2014（3）：1-4.

[70] 孙治忠，谢成，柴瑾瑜. 金川公司冶炼烟气制酸技术创新回顾. 硫酸工业，2014（2）：10-13.

[71] 孙治忠，何春文. 高浓度 SO$_2$ 预转化工艺在 1600kt/a 硫酸系统中的应用. 硫酸工业，2014（4）：5-8.

[72] 孙治忠，谢成，彭国华，等. 金川公司烟气脱硫工艺浅析. 硫酸工业，2015（2）：63-66.

[73] 孙治忠，谢成，宋莹. 高硅合金在有色金属冶炼烟气制酸中的应用. 世界有色金属，2015（1）：28-31.

[74] 孙治忠，彭国华，张曦文. 金川硫酸生产技术进展综述. 硫磷设计与粉体工程，2016（2）：1-8.

[75] 孙治忠. 金川集团化工厂铜冶炼烟气制酸中温位余热回收. 有色金属工程，2015（3）：100-104.

[76] 魏占鸿. 镍铜冶炼烟气制酸尾气脱硫技术的应用. 金川科技，2013（1）：55-59.

[77] 魏占鸿，刘陈，唐照勇，等. 柠檬酸钠法治理冶炼厂非正常排空烟气的生产实践. 硫酸工业，2013（1）：29-33.

[78] 胡启峰，魏占鸿，贾小军，等. 特大型 SFP-18 离心式 SO$_2$ 风机在硫酸系统上的应用. 世界有色金属，2015（6）：51-54.

[79] 魏占鸿. 铜冶炼烟气与制酸系统匹配化经济运行探讨. 硫酸工业，2016（5）：30-32.

[80] 李燕梅，瞿尚君，唐照勇. 低浓度冶炼烟气脱硫工艺运行实践浅析. 硫酸工业，2015（4）：15-19.

[81] 瞿尚君，高磊，唐照勇，等. 吸收低浓度二氧化硫烟气副产无水亚硫酸钠的研究. 硫酸工业，2015（1）：51-52.

[82] 唐照勇，邵志超，瞿尚君. 活性焦工艺处理反射炉低浓度二氧化硫烟气的应用实践和改进措施. 硫酸工业，2016（1）：35-38.

[83] 李燕梅，唐照勇，刘陈. 钠碱法脱硫副产物资源化利用. 硫酸工业，2017（5）：39-41.

[84] 李燕梅，唐照勇，马旻锐，等. 氧化镁法处理低浓度 SO$_2$ 烟气优化试验研究. 硫酸工业，2017（6）：4-7.

[85] 何春文，彭国华. 金川集团股份有限公司硫酸三系统技术改造总结. 硫酸工业，2013（2）：23-26.

[86] 彭国华，毛艳丽，张宏昌，等. 金川集团硫酸尾气脱硫装置设计特点与生产实践. 硫酸工业，2014（6）：49-50.

[87] 史万敬，常全忠，彭国华. 350kt/a 冶炼烟气制酸装置的工艺特点及试运行分析. 硫酸工业，2013（2）：18-23.

[88] 刘元戎，彭国华，陈晓雪. 高位水槽降尘防堵技术改造. 硫酸工业，2017（1）：46-47.

[89] 张曦文，彭国华，迟栈洋，等. 控制 700kt/a 制酸系统尾吸出口 SO$_2$ 超标的研究与实践. 硫磷设计与粉体工程，2015（4）：30-33.

[90] 马俊，李山东，王程飞，等. 冷激烟气平衡调配转化控温技术研究与应用. 硫酸工业，2017（2）：15-18.

[91] 马俊，张宏昌，毛艳丽，等. 硫酸尾气脱硫控制逻辑优化改造. 硫酸工业，2015（4）：50-51.

[91] 马俊，毛艳丽，杨秀玲，等. 酸性废水减排再利用系统的技改实践. 硫酸工业，2015（3）：59-63.

[92] 毛艳丽，马俊，宋莹，等. 酸性废水提浓减排改造与生产实践. 硫酸工业，2016（4）：37-41.

[93] 张鹏云，马莹，王辉，等. 大型 SO$_2$ 鼓风机高效节能运行实践. 硫酸工业，2017（2）：30-32.

[94] 陈自江，舒云，邵志超. 镍反射炉烟气脱硫技术分析与应用. 硫酸工业，2014（3）：23-27.

[95] 高泽磊，邵志超，高磊，等. 活性焦脱硫系统研究与应用. 硫酸工业，2017（4）：43-46.

[96] 王瑛. 新型波纹补偿器的研发与应用. 硫酸工业，2015（4）：62-63.

[97] 谢成，胡启峰，姚玉婷. 冶炼烟气制酸系统节水降耗创新举措. 硫酸工业，2016（3）：45-48.

[98] 张曦文，程楚，杨秀玲，等. 降低冶炼烟气制酸净化酸水排放量的研究与实践. 硫磷设计与粉体工程，2015（6）：40-43.

[99] 冯鸣熙，曹伟. 烟气制酸尾气钠碱法脱硫技术研究及应用. 硫酸工业，2013（2）：46-48.

[100] 冯臻，甘宪福，董尚志，等. 镍铜冶炼烟气制酸系统酸性废水处理及再利用. 硫酸工业，2012（1）：42-45.

[101] 甘宪福，李芬霞. 冶炼烟气制酸系统酸性废水减排及再利用. 硫酸工业，2009（6）：35-38.

[102] 甘宪福，李芬霞，王家蓉. 冶炼烟气制酸酸性废水两级处理工艺研究与实践. 硫酸工业，2011（3）：32-35.

附录　金川集团化工厂科技成果

金川集团化工厂在冶炼烟气治理过程中不断开展技术创新，取得了丰硕的技术创新成果，获省部级科技奖励20余项，授权专利230余项。此处仅摘录与本书技术创新成果相关的奖励及专利技术。

附表1　省部级科技奖励

序号	项目名称	年份	获奖等级
1	冶炼烟气制酸技术的集成创新及推广应用	2006	中国有色金属工业协会科技进步一等奖
2	多炉窑非均态冶炼烟气一体化治理技术	2007	甘肃省科学技术二等奖
3	镍冶炼烟气制酸酸性废水的减排再利用技术	2008	中国有色金属工业协会科技进步一等奖
4	接触法硫酸装备的超大型化研究与应用	2010	中国有色金属工业协会科技进步二等奖
5	低浓度二氧化硫冶炼烟气治理及资源化技术研究与应用	2010	甘肃省科学技术三等奖
6	铜冶炼烟气湿法净化酸性废水处理回用技术研究	2011	中国有色金属工业协会科技进步一等奖
7	复杂硫化矿冶炼烟气清洁治理及过程余热综合利用技术	2013	甘肃省科学技术一等奖
8	超高浓度冶炼烟气制酸过程分流转化及清洁生产技术研发与应用	2014	中国有色金属工业协会科技进步一等奖
9	超大型进口 SO_2 鼓风机性能提升和安全控制技术的自主创新与应用	2014	中国有色金属工业协会科技进步二等奖
10	镍铜冶炼烟气制酸系统节能降耗技术研究与应用	2015	中国有色金属工业协会科技进步一等奖
11	超大型化工装置冷却循环水系统节能技术研发与应用	2015	中国循环经济协会科技进步三等奖
12	镍铜冶炼烟气制酸系统清洁生产技术优化提升	2016	中国石油和化学工业联合会科技进步三等奖
13	一种处理氯浸渣的方法	2016	甘肃省专利奖一等奖

附表 2 授权技术专利

序号	专利名称	专利类型	授权专利号
1	一种内衬耐酸合金的干燥吸收塔体	实用新型	ZL 03 2 42124.9
2	一种用于硫酸生产的干燥吸收塔	实用新型	ZL 03 2 42126.5
3	一种管式分酸器	实用新型	ZL 03 2 42125.7
4	一种管道弹性支座	实用新型	ZL 2004 2 0088999.1
5	一种湍冲洗涤塔	实用新型	ZL 2004 2 0089302.2
6	一种浓酸过滤器	实用新型	ZL 2004 2 0089301.8
7	一种混酸器	实用新型	ZL 2004 2 0089303.7
8	一种 SO_2 烟气管道与塔设备接口的承插结构	实用新型	ZL 2006 2 0137936.X
9	一种除尘降温洗涤塔	实用新型	ZL 2006 2 0137927.0
10	一种洗涤塔内置式过滤器	实用新型	ZL 2006 2 0137931.7
11	一种电雾芒刺阴极线	实用新型	ZL 2006 2 0137926.6
12	一种电除雾器的电雾大梁	实用新型	ZL 2006 2 0137694.4
13	一种电除雾器	实用新型	ZL 2006 2 0137691.0
14	一种玻璃纤维除氟装置	实用新型	ZL 2007 2 0181357.X
15	一种硫酸生产干吸塔的烟气输入管道	实用新型	ZL 2007 2 0194805.X
16	一种含硫烟气输送管道与干燥塔的法兰塔接管	实用新型	ZL 2007 2 0181358.4
17	一种冶炼烟气输送管道波纹补偿器	实用新型	ZL 2007 2 0181359.9
18	一种冶炼烟气烟囱内酸泥的处理方法	发明	ZL 2007 1 0303628.9
19	一种硫酸脱气塔	实用新型	ZL 2007 2 0187318.0
20	一种测量烟气含尘量的采样装置	实用新型	ZL 2007 2 0187322.7
21	一种将装酸管固定在装酸栈桥护栏上的装置	实用新型	ZL 2007 2 0187323.1
22	一种在热烟气中混入冷烟气的装置	实用新型	ZL 2007 2 0187320.8
23	一种充装浓硫酸的装置	实用新型	ZL 2007 2 0187316.1
24	一种两侧为圆弧状的扁平形膨胀节管	实用新型	ZL 2007 2 0187317.6
25	一种硫酸吸收塔填料的支撑装置	实用新型	ZL 2007 2 0187461.X
26	一种防止转化器内触媒掉落装置	实用新型	ZL 2007 2 0187462.4
27	一种浓硫酸的取样装置	实用新型	ZL 2007 2 0187479.X
28	内衬合金层的玻璃钢复合管道	实用新型	ZL 2007 2 0187449.9
29	一种电除雾器的气体分布装置	实用新型	ZL 2007 2 0187450.1
30	一种槽车装车平台过桥装置	实用新型	ZL 2007 2 0187460.5
31	一种烟气管道的取样装置	实用新型	ZL 2007 2 0190918.2
32	一种组合式硫酸干吸塔捕沫器	实用新型	ZL 2009 2 0105465.8
33	一种风机盘车卡具	实用新型	ZL 2009 2 0105466.2
34	一种净化酸性废水脱气装置	实用新型	ZL 2009 2 0105468.1
35	一种自压式自动串酸装置	实用新型	ZL 2009 2 0105469.6

序号	专利名称	专利类型	授权专利号
36	一种填料塔管道过滤器	实用新型	ZL 2009 2 0105470.9
37	一种洗涤塔	实用新型	ZL 2009 2 0105471.3
38	一种硫酸转化器	实用新型	ZL 2009 2 0107195.4
39	一种管式分酸器的分酸嘴	实用新型	ZL 2009 2 0107196.9
40	一种切割圆规	实用新型	ZL 2010 2 0278254.7
41	一种硫酸装酸鹤管的输酸管	实用新型	ZL 2010 2 0278627.0
42	一种管式分酸器喷嘴	实用新型	ZL 2010 2 0278650.X
43	一种防结冰冷却水塔	实用新型	ZL 2010 2 0278624.7
44	一种制备硫酸过程的 SO_3 的吸收装置	发明	ZL 2010 1 0241696.9
45	一种二氧化硫冶炼烟气处理方法	发明	ZL 2010 1 0241676.1
46	一种汽液分离塔的气液分离装置	实用新型	ZL 2010 2 0278621.3
47	一种尾气处理装置	实用新型	ZL 2010 2 0278609.2
48	一种沉降装置	实用新型	ZL 2010 2 0278604.X
49	一种防毒面罩	实用新型	ZL 2010 2 0278601.6
50	一种便携式虹吸装置	实用新型	ZL 2010 2 0278578.0
51	一种两级轴封阀门	实用新型	ZL 2010 2 0278577.6
52	一种推杆式阀门	实用新型	ZL 2010 2 0278576.1
53	一种液压推杆式阀门	实用新型	ZL 2010 2 0278566.8
54	一种液压推杆式双阀板阀门	实用新型	ZL 2010 2 0278569.1
55	一种具有双循环系统的洗涤塔	实用新型	ZL 2010 2 0278533.3
56	一种气体密封蝶阀	实用新型	ZL 2010 2 0641340.X
57	一种气体密封导叶调节阀	实用新型	ZL 2010 2 0641347.1
58	一种蝶阀的自动清灰装置	实用新型	ZL 2010 2 0641345.2
59	一种立式反冲式过滤器	实用新型	ZL 2012 2 0274050.5
60	一种过滤装置	实用新型	ZL 2012 2 0274049.2
61	一种能回收 SO_2 转化为 SO_3 余热的反应装置	实用新型	ZL 2012 2 0274039.9
62	一种二氧化硫脱气塔	实用新型	ZL 2012 2 0274036.5
63	一种冷却循环水的装置	实用新型	ZL 2012 2 0274040.1
64	一种自压装酸装置	实用新型	ZL 2012 2 0274055.8
65	一种吸收塔	实用新型	ZL 2012 2 0274062.8
66	一种循环水蓄水池泵水装置	实用新型	ZL 2012 2 0274075.5
67	一种循环水蓄水池	实用新型	ZL 2012 2 0274058.1
68	一种逆流式冷却塔的喷水装置	实用新型	ZL 2012 2 0274053.9
69	一种用于生产无水亚硫酸钠的过滤装置	实用新型	ZL 2012 2 0274071.7
70	一种无水亚硫酸钠生产过程的蒸发装置	实用新型	ZL 2012 2 0274054.3
71	一种悬浮过滤器	实用新型	ZL 2012 2 0274038.4

序号	专利名称	专利类型	授权专利号
72	一种管道快速堵漏器	实用新型	ZL 2012 2 0274057.7
73	一种混酸器	实用新型	ZL 2012 2 0274048.8
74	一种截止阀	实用新型	ZL 2012 2 0274063.2
75	一种储酸装置	实用新型	ZL 2012 2 0274073.6
76	一种硫酸尾气排空控制装置	实用新型	ZL 2012 2 0274052.4
77	一种管道波纹补偿器	实用新型	ZL 2012 2 0274072.1
78	一种硫酸生产的干燥吸收装置	实用新型	ZL 2012 2 0274051.X
79	一种输送管道漏点的处理装置	实用新型	ZL 2012 2 0274074.0
80	一种轴与叶轮的拆装装置	实用新型	ZL 2012 2 0274027.6
81	一种液液混合装置	实用新型	ZL 2012 2 0274046.9
82	一种转化器环形布气装置	实用新型	ZL 2012 2 0333163.8
83	一种检修电源箱	实用新型	ZL 2012 2 0437687.1
84	一种防护服	实用新型	ZL 2013 2 0381591.2
85	一种稀酸静态紊流器	实用新型	ZL 2013 2 0381601.2
86	一种稀硫酸酸泥泥浆罐	实用新型	ZL 2013 2 0381599.9
87	一种金属硫化矿冶炼中非正常外排烟气处理系统	实用新型	ZL 2013 2 0381623.9
88	一种尾矿浆烟气脱硫处理设备	实用新型	ZL 2013 2 0381588.0
89	一种管式连续中和装置	实用新型	ZL 2013 2 0381655.9
90	一种冶炼烟气制酸工艺中酸性废水的处理系统	实用新型	ZL 2013 2 038160.3
91	一种连续中和反应混合装置	实用新型	ZL 2013 2 0381617.3
92	一种硫酸制酸工艺中二氧化硫转化余热回收系统	实用新型	ZL 2013 2 0381606.5
93	一种 SO_2 烟气柠檬酸钠吸收液脱硝系统	实用新型	ZL 2013 2 0384249.8
94	转化器布气板	实用新型	ZL 2013 2 0381613.5
95	一种亚硫酸钠蒸发浓缩工艺蒸汽回收系统	实用新型	ZL 2013 2 0381615.4
96	连续配碱装置	实用新型	ZL 2013 2 0381627.7
97	水玻璃连续加料装置	实用新型	ZL 2013 2 0381621.X
98	一种 SO_2 转化器的滑动式底座	实用新型	ZL 2013 2 0381632.8
99	一种亚硫酸钠物料干燥系统	实用新型	ZL 2013 2 0381605.0
100	一种排酸管道脱气酸封装置	实用新型	ZL 2013 2 0381594.6
101	二氧化硫气体输送用大型钛风机	实用新型	ZL 2013 2 0381614.X
102	快拆式气体管道取样孔封盖	实用新型	ZL 2013 2 0381607.X
103	应用于二氧化硫冶炼烟气吸收解析过程的解析塔	实用新型	ZL 2013 2 0381590.8
104	一种新型波纹补偿器	实用新型	ZL 2013 2 0625712.3

续表

序号	专利名称	专利类型	授权专利号
105	一种烟气脱硫处理设备	实用新型	ZL 2013 2 0381600.8
106	一种冶炼烟气制酸工艺中烟气余热回收系统	实用新型	ZL 2013 2 0625825.3
107	一种准等温文丘里热能置换转化器	发明	ZL 2012 1 0424471.6
108	一种准等温文丘里热能置换转化器	实用新型	ZL 2012 2 0564232.6
109	一种卧式准等温转化器	实用新型	ZL 2012 2 0563713.5
110	一种冶炼烟气硫酸制酸工艺中烟气余热回收系统及方法	发明	ZL 2013 1 0083083.0
111	一种 SO_2 烟气柠檬酸钠吸收液脱硝系统及方法	发明	ZL 2013 1 0269623.4
112	一种亚硫酸钠物料干燥系统及方法	发明	ZL 2013 1 0267481.8
113	一种金属硫化矿冶炼中非正常外排烟气处理系统及方法	发明	ZL 2013 1 0267485.6
114	管道阀门	发明	ZL 2013 1 0267476.7
115	一种活性矿浆多级循环吸收脱硫装置	实用新型	ZL 2015 2 0938421.9
116	一种利用碱性废液进行低浓度 SO_2 烟气脱硫的装置	实用新型	ZL 2015 2 0938585.1
117	一种低浓度二氧化硫冶炼烟气脱硫装置	实用新型	ZL 2015 2 0938802.7
118	一种精矿脱硫降低氧化镁含量的装置	实用新型	ZL 2015 2 0938422.3
119	一种矿浆脱硫中和清液回用装置	实用新型	ZL 2015 2 0938875.6
120	一种用于再生气解析的多功能解析塔	实用新型	ZL 2015 2 0938463.2
121	一种直通式防堵塞直喷雾化喷头	实用新型	ZL 2015 2 0938865.2
122	一种具有双循环系统的多功能脱硫塔	实用新型	ZL 2015 2 0938629.0
123	一种亚硫酸钠分离液细晶消除及分级回用系统	实用新型	ZL 2015 2 0938539.1
124	一种用于再生气解析的多功能解析塔	实用新型	ZL 2015 2 0938463.2
125	一种再生气低温输送系统	实用新型	ZL 2015 2 0938743.3
126	一种浓硫酸槽车的卸酸装置	实用新型	ZL 2015 2 0927638.X
127	一种水道过滤装置	实用新型	ZL 2015 2 0930745.8
128	一种防堵塞结晶釜放料阀	实用新型	ZL 2015 2 0966943.X
129	一种立式液封装置	实用新型	ZL 2015 2 0966942.5
130	一种连续混合装置	实用新型	ZL 2015 2 0966885.0
131	一种水处理过程中的粉料投加筛分装置	实用新型	ZL 2015 2 0967215.0
132	一种烟气净化塔酸泥的清运装置	实用新型	ZL 2015 2 0927578.1
133	一种渣罐	实用新型	ZL 2015 2 0927435.0
134	一种电除雾器阳极管内除泥工具	实用新型	ZL 2015 2 09385160.0
135	一种软管盘放装置	实用新型	ZL 2015 2 0967060.0
136	一种稀酸排水管防酸气泄漏活套装置	实用新型	ZL 2015 2 0966668.1

续表

序号	专利名称	专利类型	授权专利号
137	一种磁翻板液位计	实用新型	ZL 2015 2 0927589.X
138	一种洗涤吸收塔	实用新型	ZL 2016 2 0789287.5
139	一种捕沫元件与捕沫器壳体的连接装	实用新型	ZL 2016 2 0958329.3
140	一种含泥酸水的处理装置	实用新型	ZL 2016 2 0958348.6
141	一种冶炼杂散烟气的处理装置	实用新型	ZL 2016 2 0957992.1
142	一种玻璃钢管道安装工具	实用新型	ZL 2016 2 0966894.4
143	一种除雾器积水排放装置	实用新型	ZL 2016 2 0965799.2
144	一种导电玻璃钢的冲洗装置	实用新型	ZL 2016 2 0957959.9
145	一种电除雾器的冲洗系统	实用新型	ZL 2016 2 0957957.X
146	一种管道式尾气酸雾去除装置	实用新型	ZL 2016 2 0965798.8
147	一种可调节丝网捕沫器	实用新型	ZL 2016 2 0965825.1
148	一种水平式内置滤网过滤器	实用新型	ZL 2016 2 0965805.4
149	一种脱硫塔烟气降温装置	实用新型	ZL 2016 2 0965836.X
150	一种烟气阻断装置	实用新型	ZL 2016 2 0965797.3
151	一种转化器烟道带压补漏装置	实用新型	ZL 2016 2 0965824.7
152	一种冶炼环集烟气的处理装置	实用新型	ZL 2016 2 1143314.8
153	一种用于酸性废液的脱气装置	实用新型	ZL 2016 2 0965853.3
154	一种渣罐进料装置	实用新型	ZL 2016 2 0966887.4
155	一种智能保温硫酸罐	实用新型	ZL 2016 2 0966886.X
156	一种转化器烟道拐角处带压补漏装置	实用新型	ZL 2016 2 0966899.7

后 记

创新是一个企业的灵魂，没有创新，企业将失去发展的动力与前进的方向。抓创新就是抓发展，谋创新就是谋未来，在市场经济环境下，企业作为创新创造的主体，实施创新发展战略愈加重要。

作为化工产品生产企业，我们一直秉持着"绿色、清洁、高效、安全"的发展理念，从工艺、设备等多方面入手，不断开展技术创新工作，取得了长足的发展与进步，技术创新硕果累累，冶炼烟气治理技术达到同行业先进水平。但形势的发展使我们不敢懈怠，新标准新要求不断更新换代，新技术新工艺不断优化完善，针对某些关键技术只有不断研发创新，使其形成多代创新成果，才能满足企业本身发展的要求和市场竞争的需求。

本书经过近一年的编撰，即将出版面世，令人喜悦。书中所涉及的各项创新优化技术离不开几代金川集团化工人顽强拼搏、勇于创新的贡献，也离不开金川集团化工厂全体职工在追求卓越、勇于赶超的奋斗历程。编撰过程中，孙治忠、史万敬、张宏昌、裴英鸽、马俊、宋莹、毛艳丽、许明鹏、李燕梅等数位化工人为冶炼烟气治理技术的优化与创新做了大量工作，也为本书前期资料整理及图文编绘等方面付出了辛劳。本书如能在促进企业技术发展和人才培养、提高烟气治理工艺装备技术水平方面有所增益，将是对各方支持与帮助的最好回报。